走进通辽玉米博物馆

THE TONGLIAO CORN MUSEUM

张守乾　主编

中国农业科学技术出版社

图书在版编目（CIP）数据

走进通辽玉米博物馆 / 张守乾主编 . -- 北京：中国农业科学技术出版社，2017.6

ISBN 978-7-5116-3165-7

Ⅰ . ①走… Ⅱ . ①张… Ⅲ . ①玉米－博物馆－介绍－通辽
Ⅳ . ① S513-282.263

中国版本图书馆 CIP 数据核字 (2017) 第 132209 号

责任编辑　李　雪　徐定娜
责任校对　李向荣

出 版 者　中国农业科学技术出版社
　　　　　北京市中关村南大街 12 号
电　　话　(010)82109707（编辑室）
　　　　　(010)82109702（发行部）
　　　　　(010)82109709（读者服务部）
传　　真　(010)82106626
网　　址　http://www.castp.cn
经 销 者　各地新华书店
印 刷 者　北京富泰印刷有限责任公司
开　　本　710mm×1 000mm　1/16
印　　张　13.5
字　　数　193 千字
版　　次　2017 年 6 月第 1 版　2017 年 6 月第 1 次印刷
定　　价　48.00 元

《走进通辽玉米博物馆》
编委会

主　　编：张守乾

副 主 编：张建华　包红霞　贾立群

执行编辑：包红霞　叶英杰　包雪莲

参加编撰：包额尔敦嘎　王　东　郑　威　邓志兰　乔文杰

摄　　影：贾立群　杨晓林　冯延力　张启民

插　　图：贾寒阳

走进通辽玉米博物馆
PREFACE 序

通辽是一座与玉米有缘的城市。

7000 年前，起源于美洲大陆的玉米，随着世界性航线的辟建，16 世纪初期传入中国。从 1791 年开始，科尔沁草原开始了长达 120 年的放荒历史。就是在此期间，伴随着关内移民的脚步，玉米来到了科尔沁草原。内蒙古通辽市地处我国黄金玉米带，生产的玉米品质优异、备受青睐。2003 年，"通辽黄玉米"获得国家原产地标记注册认证。2013 年，通辽成为全国 100 亿斤粮食地级市之一。伴随着加工业的蓬勃发展，通辽黄玉米完成了它的华丽转身——成为加工业的重要原料，人们的生活越来越离不开它。2014 年 7 月，中国第一家以玉米为主题的专业博物馆——通辽玉米博物馆在通辽市农业科学研究院建成开馆。

关注历史、现实与未来，是专业博物馆的魅力所在。通辽玉米博物馆布展面积 1550 平方米，馆藏分 14 类，共 1000 余件展品。涉及了自然科学和人文等领域，陈列展以"百年求索路，犁下绘丹青"为标题，展示了通辽玉米百年品种演变史、耕作栽培史、综合利用史和玉米产业发展成就。

为帮助参观者更好地品读通辽玉米博物馆，对玉米产业发展的现状进行动态把握，反映取得的成绩与存在的问题，增进同行间地交流，我们编写了《走进通辽玉米博物馆》这本书。书中延续了通辽玉米博物馆的布展思路，将历史、科技与文化有效融合，使读者感受到玉米种子之中蕴含的改变世界的力量和科技转化为生产力的魅力。

限于能力和经验，纰漏难免，恳请读者给予批评指正。

▲通辽玉米博物馆外景

　　2014 年 7 月，中国第一家以玉米为主题的专业博物馆——通辽玉米博物馆在通辽市农科院建成开馆。博物馆布展面积 1550 平方米，馆藏 14 类，共 1000 余件展品。陈列展以"百年求索路，犁下绘丹青"为标题，简明地勾勒出玉米起源、传播、发展的历史轮廓，展示了通辽玉米百年品种演变史、耕作栽培史、综合利用史和玉米产业发展成就等。

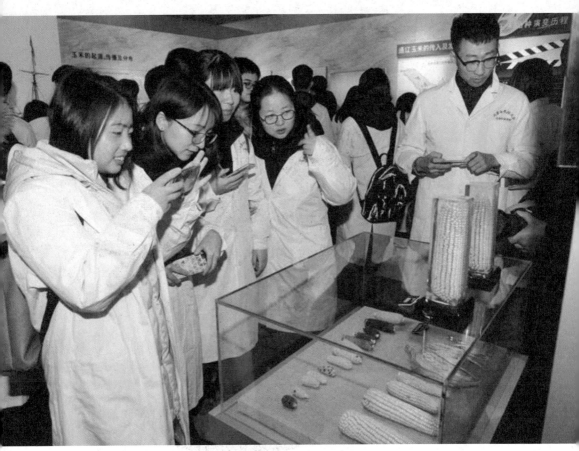

▲内蒙古民族大学学生参观通辽玉米博物馆

"源起美洲，越七千年不衰，适佳境而旺发。"漫长的玉米变迁史将带给我们怎样的思考？一座名为"玉舞天堂"的雕塑又包含了怎样的寓意？以"百年求索路，犁下绘丹青"为标题的陈列展，又将怎样呈现玉米与通辽的情缘？让我们走进通辽玉米博物馆，开启玉米探寻之旅。

▲通辽玉米博物馆标志性雕塑——玉舞天堂

　　玉舞天堂，博物馆的标志性雕塑。高 2.5 米，宽 2.5 米，造型寓意深远，构图严谨，线条流畅，允满强烈的动感。包含了玉米、草原、蒙古包、羊群、蒙古族姑娘、绸带、日月云霞、飞鸟等众多元素，表达了和谐包容、团结奋进和追求幸福的精神寓意。

◆ **品种演变 / 1**

品 种 演 变

　　玉米的祖先是谁？古印第安人为何对它敬若神明？是谁第一次将它从遥远的美洲带到欧洲进而传遍全世界？古老的物种在人类的干预下，如何完成它的进化之旅？国家原产地标记注册认证"通辽黄玉米"这个著名品牌的背后，又有着一段怎样不为人知的发展历程？

① 玉米的祖先是谁

从农业科学家的描述来看，起源于美洲的玉米是神奇的作物。那么，众所周知的玉米，究竟神奇在什么地方？原来，玉米除了具有广泛的适应性和丰富的类型之外，不像其他作物那样具有明确的祖先。它与任何近缘种属都有显著的差异，它的祖先似乎消失得无影无踪。玉米的起源至今还是一个谜，它的起源令科学家们大伤脑筋。"玉米的祖先是谁？"在科学界至今仍是一个富于争论的难题。

经过几个世纪的探索，科学家们提出了许多关于玉米起源的假说。其中影响较大的有：大刍草假说、有稃玉米假说、共同祖先假说、三成分假说、野生玉米与大刍草杂交假说。此外，还有几个影响较小的假说：类纸半被覆假说，玉米草假说，异源多倍体假说。众多的玉米起源假说都不能通过实验加以直接验证，存在解释其"合理性"的难题。由于目前支持大刍草

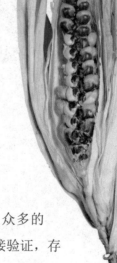

▲大刍草果穗

假说的证据比较多，所以大刍草假说被大多数科学家认同。

大刍草假说认为玉米起源于大刍草。大刍草也叫类蜀黍，和现代玉米一样都属于禾本科植物，它们的关系最为密切。多数大刍草与玉米具有相同的染色体数（$2n=20$），染色体的长度和着丝点的位置也相近。

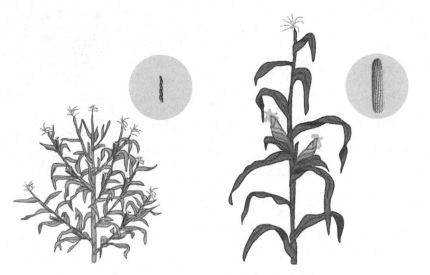

▲大刍草（左）和人工培育的玉米（右）

大刍草和玉米都是雌雄异花，雄花在植株顶端，雌花在植株侧面。不同之处在于大刍草的雌穗被果盒包裹，而玉米的雌穗被苞叶包裹。大刍草的雌穗比玉米小得多，雌小穗单生，在花序轴上互生排列，因此只有两列。现代玉米雌穗硕大，籽粒多行排列。大刍草的雄穗没有主轴与分枝的分化，均只有两列雄小穗。大刍草丛生并有较多的分枝分蘖，玉米的分蘖则受到抑制。

大刍草和玉米在生理上最大的差异就是对光周期反应的不同。大刍草是短日照植物，在持续长日照条件下，分蘖增多，营养生长增加，表现似乎多年生的特点。而玉米是对日照反应不太敏感的作物，称为日照反应中性作物。玉米和大刍草的另一个区别在于对病虫害的反应，二者基本上对病原真菌的反应一致，但为害玉米的

75 种昆虫，有一部分并不能为害大刍草。

大刍草演变为现代玉米经历了一个漫长的过程，在人类的干预下，大刍草朝着有利于人类的方向演变。研究玉米起源的科学家们认为，在玉米驯化过程中的三个步骤均使产量翻番。第二雌小穗的激活使产量翻番；籽粒行数从两列增为四列又使产量增加一倍；穗轴稳定不振落籽粒又使收获更加有效。

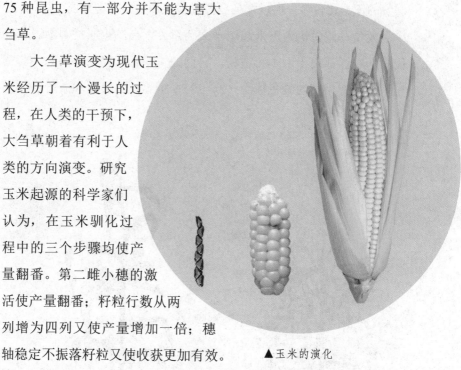

▲ 玉米的演化

在长期的驯化过程中，重要的一步是籽粒从果盒中露出，这有利于人类的脱粒，但裸露的籽粒易被虫鸟啄食，不利于种子的保护。因此又形成了一种新的保护机制——苞叶。苞叶比大刍草的果盒保护功能更强，但同时带来了新的麻烦，苞叶将果穗包在其中，不利于雌花授粉。这就需要形成一种新的进化机制——花丝伸长露出苞叶便于接受花粉。花丝每日的生长速度是 2.5 厘米，因此对于 15 厘米长的果穗来说，花丝至少需要 5 天时间从果穗基部生长至顶部，花丝的这种延迟露出则由花丝提早发育予以补偿。现代玉米在植物王国里不仅具有最长的花丝，而且在禾本科中具有最大的花粉粒，这是因为它的果穗较长。

大刍草的种子具有一个坚硬的果盒，每个果盒中只有一粒种子，当成熟时，上下果盒之间产生离层，在风或其他外力的摇动下，单个种子掉落地上，完成种子的散播过程。玉米在人类的干预下失去

Teosinte　　　　　　Modern Corn

▲玉米果穗演化

了这一特征，进而不能完成繁殖后代的使命。因为如果整个玉米果穗掉落在地上，几百粒种子同时在一处发芽，相互争夺养分，最后都不能长至成熟，因竞争而死亡，只需一代就灭绝。玉米完全依靠人类的帮助才能繁衍，如果没有人类干预，玉米将是第一个绝种的农作物。大刍草演化成现代玉米的过程中，果穗和株型发生了很大变化。野生玉米果穗的穗轴长只有2.4厘米，人类开始种植以后，在不太长的时间里，玉米的穗轴就增加到5.5厘米。到16世纪初期，玉米穗轴已经增加到13厘米。大约6000多年的时间里，印第安人把那些细微的、几乎是肉眼所察觉不到的有利于人类的变异逐渐选择和积累下来，形成了现在栽培型玉米果穗。

　　从历史的角度看，玉米的株型在不断变化，科学家绘制了一张玉米株型变化图。最初，美洲人在园中栽培大刍草，植株分蘖极多，并且每个果穗很小（见图中1）；后来大刍草果穗次级分枝聚合成玉米的果穗，分蘖减少，植株比初期略微增高（见图中2）；再后来大刍草演变成8行果穗的古玉米，果穗变大，植株增高（见图中3）；1620年，美国北方出现硬粒型玉米，其果穗增大，植株增高，已经超过了成人的高度，叶片平展，分蘖极少（见图中4）；1950年现代玉米杂交种，植株比一般综合种高，果穗增大，雄穗发达，叶片进一步增大，没有分蘖（见图中5）；20世纪90年代，杂交种广泛应用，玉米叶片上冲，雄穗有所缩小，群体密度增加（见图中6）；未来的超级玉米，其株型能够最大限度地利用太阳能，光合产物最大程度地转化至果穗中，因此超级玉米的雄穗不能太大，只要能满足玉米授粉即可，叶片短宽、上冲，穗位以上叶片呈伞状下垂，每株最好两个果穗，果穗粗长，植株不能很高，2米左右即可（见图中7）。

玉米在未来还会怎样进化，我们有所期待却未可知。已被大多数人认可的是，7000～8000年以前，玉米是由大刍草演化而来。从大刍草至远古玉米的演化过程可能只用了100年的时间，这似乎是难以理解的，造成了很多的争论。也许关于玉米起源的问题还要继续争论下去，但大刍草与玉米的密切关系已经可以使科学家从大刍草导入有利的基因，这对于育种家具有实际的意义。

走进通辽玉米博物馆

THE TONGLIAO CORN MUSEUM

006

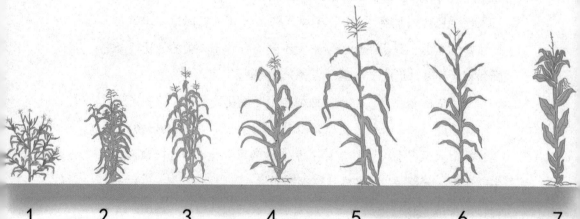

1　　2　　3　　4　　5　　6　　7

▲玉米株型变化图

② 古代印第安人对玉米的选择和培育

15 世纪末，在欧洲人到达美洲大陆之前，印第安人就已经在这片辽阔的土地上以玉米为食，生存繁衍。直到今天，美洲大陆的人们还骄傲地把玉米称为"皇冠上的珍珠"。在墨西哥城市中心的文化公园里，矗立着一座惹人瞩目的母子纪念碑。它象征着千百年来印第安古代精神文明，玉米提供的食品，使其民族得以繁荣昌盛。

古代印第安人是怎样选择和培育玉米的，几乎没有留下任何文字资料可供查考。欧洲人最初见到的关于玉米的早期文献，大都是用西班牙文或葡萄牙文写成的，既零散又片断。关于古代印第安人选择和改良玉米的证据，大部分都是间接得来的。

20 世纪以来，考古学家在太和坎谷地先后发现了 400 多处古代印第安人的遗址。在这里共发掘出 25000 多件玉米植株和果穗标本，以及众多的与玉米有关的石器、陶器、编织品等。考古学家按地层序列，把印第安人采集和栽培玉米的历史分为 3 个时期。

▲ 出土的碳化玉米穗轴

第一个时期，大约从公元前9000年至公元前6700年。印第安人主要依靠渔猎为生，采集所占的比重很小。这时主要采集豆荚、瓜叶和野果。野生玉米还不是重要的采集对象，因为玉米籽粒较小，那坚硬的外壳使人难以下咽。偶尔采集到的野生玉米种子，也仅是在食物短缺或严冬季节时食用。

第二个时期，大约从公元前6700年至公元前3400年。印第安人逐渐转向定居，从采集野生植物为食发展到种植一部分植物，如仙人掌、西葫芦、南瓜、梨等。但此时发展起来的最重要的栽培植物乃是玉米。在这一阶段的3000多年里，正是野生玉米在人类的干预下，逐渐演化为栽培种的过程。考古学家推测，在美洲，粟类植物的采集和驯化活动似乎要早一些，但经过相当长的一段时期以后，由于某些原因而放弃了驯化，最终选择了穗大、粒多、滋味甘美的玉米作为栽培作物了。出土的这一时期玉米穗轴显示，大部分玉米都已经具有栽培品种的特征。伴随出土的还有用作加工坚硬玉米籽粒的石磨、磨棒和石杵等工具。

第三个时期，大约从公元前3400年直至公元后1500年。印第安人开始了永久性的定居农业，建筑了穴式房屋或草棚，依靠栽培玉米作为重要食物来源。经过漫长的人工选择过程，玉米茎秆逐渐加粗，穗位降低，果穗越来越大，产量越来越高。印第安人已经有了比较粗放的灌溉和施肥技术。磨制的石器增加了圆盘状石珠、卵形平凸状磨棒、球形磨盘、立方体石杵

▲ 出土的碳化玉米籽粒

以及石碗等。玉米植株和果穗的图案越来越多地出现在陶器、石器以及编织品上。玉米在太和坎洞穴印第安人的生活中已经占有极其重要的地位。

在墨西哥、秘鲁和智利等地古墓出土的文物，以及古代众多的建筑物上都发现保留有古代印第安人遗留下来的玉米印记。在印

▲金字塔中残缺的玉米壁画

第安人心目中，玉米是一种庄严的形象，人们崇敬地把玉米植株和果穗的图像绘画在庙宇上，塑造在神像上，编织在衣物上，镶嵌在陶瓷上。很多印第安部落都以玉米命名，称为"玉米族"或"青玉米族"，并以此尊称自己的酋长。部族之间发生战争，焙干的玉米粉和玉米籽粒盛装在有腰带的革囊中，是他们远征的主要给养。所以玉米收成丰歉常常是决定战争胜负的一个因素。在印第安人的每年六个重要的农作物宗教祭奠中，玉米祭是极其隆重的一个。每年玉米收获季节，由几个结合的部族共同举行。著名的民族学家摩尔根指出："倘若人类在对于食物的种类及其分量上没有取得绝对的控制权，那么他们便不会繁殖而成为人口稠密的民族了。"所以印第安人

部族的繁荣昌盛是和种植玉米息息相关的。在墨西哥尤卡坦半岛，曾经产生的光辉灿烂、昌盛一时的玛雅文化，从某种意义上又被称之为"玉米文化"。秘鲁这个词的印第安语意思就是"玉米之仓"。有悠久历史的阿兹特克人、玛雅人、印加人，种植玉米都有精湛的栽培技艺和辉煌的成就。在公元16世纪初期，阿兹特克部族最后一位首领蒙台兹玛的受贡礼单上，记载着这个帝国的20个省份每年要入贡30多万英斗的玉米籽粒。

早期的航海家，曾记述印第安人种植玉米的情景。春天，他们砍去树木，松平土地，每隔3英尺挖一穴，把玉米籽粒放在穴里。当成千上万条的青鱼和鲱鱼游到河溪上游产卵的时候，印第安人捕鱼肥田。他们在每一个玉米穴里放一条鱼，每一英亩（约0.4公顷）玉米大约放1000条鱼，没有鱼就不能种玉米，即使种上玉米产量也很低。用鱼肥田比未放鱼的玉米，其产量要高出3倍多。每穴放一条鱼就成为了当地种玉米的一项措施。他们制定了一个制度，在玉米播种季节，每家都要把豢养的狗的后腿缚起来，严加管制，以防止把玉米地的鱼给翻腾出来。

可以肯定，在欧洲人到达美洲大陆以前，在北美洲中西部的印第安人已经大面积种植玉米，玉米在人们的日常生活中

▲印第安人种玉米

占有很重要的地位。古代印第安人选择和培育了 200 多个玉米品种。有供作各种用途的爆炒品种、生食品种、染色品种、酿造品种等。籽粒有红色、黄色、白色，甚至还有蓝色、紫色的。蓝紫色玉米品种专门用来作为食品和衣物的染色剂。在甘蔗还未引入到美洲之前，古代印第安人就已经用酿造品种的玉米籽粒和茎秆榨制糖浆和酿造甜酒了。直到 19 世纪初期，美国人仍然是依靠种植印第安人培育的那些玉米品种繁衍生息，传宗接代。

摩尔根在《古代社会》一书中指出："玉蜀黍因为它繁殖于丘陵之上，这是便于直接栽培的。因为它不拘在未熟或已熟的时候都可以供作食用，因为它产量高而且富于营养，所以它在促进初期人类进步的力量上，比其他所有的一切谷物的总和还要强大。"他特别强调指出："由栽培而来的淀粉性食物的获得，必须视为人类经验上最伟大的事迹之一。"印第安人选择和培育的玉米，为人类的生存和发展做出了重大的贡献。

品种演变

③ 玉米，古印第安人的"灵魂"

广阔的美洲大陆，孕育了灿烂辉煌的古代印第安文明。狭长的中美洲，犹如一座细窄的地桥，连接着南北美洲两座大陆。在4200多万平方千米广袤的土地上，数万年来生活着部族众多的印第安人。他们在漫长的历史岁月中，创造了辉煌的成就和高度发达、举世闻名的三大古代美洲文明，即玛雅文明、阿兹特克文明和印加文明。成为和希腊文明、罗马文明、中国文明、印度文明、埃及尼罗河文明、西亚两河流域文明并列的世界古代文明之一。

在古印第安人的宗教文化中，玉米的内涵远远超越了普通食物。传说中美洲印第安人阿兹特克族最崇敬的特拉洛克神就是玉米神，古印第安人信奉的诸神中，也有好几位玉米神，他们都象征着幸福

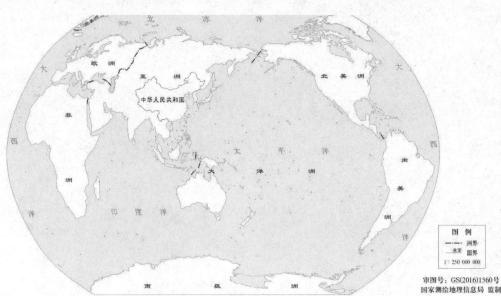

图例

—— 洲界
---- 未定 国界

1 : 250 000 000

审图号：GS(2016)1560号
国家测绘地理信息局 监制

▲世界地图

和好运。直到现在，一部分印第安人的生活，都是紧紧围绕玉米的种植与收获来组织和安排的。印第安人部落和村社都将玉米磨房设置在村镇中心，因为家家户户都要磨面，所以磨房就成了全村的社交场所，有时村民大会也在这里举行，从而又使它与"权力"联系在一起。

印加文明是除阿兹特克文明之外，美洲的又一个古代印第安文明，它充满了神秘色彩。印加的疆域包括现在的秘鲁、厄瓜多尔和玻利维亚三个国家的领土，以及哥伦比亚和智利国土中的一部分，总面积达到 200 多万平方千米。在印加最为广泛深入的宗教信仰是太阳神信仰。当然，现在人们已经知道对太阳神的崇拜是许多原始民族共有的神话思维。太阳每天东升西落循环往复，由它造成了光明和黑暗的不断交替。这些令人无法琢磨的现象是导致太阳崇拜的直接原因。但印加人不仅仅单纯的崇拜太阳，他们还将这种信仰融入了自己的文化，使这种思想与自己的生活紧密的结合在一起。

在印加人的神话传说中，仁慈的太阳神降临人间，他看到荒凉的原野什么庄稼都没有，人们吃的是草籽野果，披的是树叶兽皮。太阳神就从天国里带来了一袋金灿灿的种子，还赠给人们一把长长的木锄。勤劳的印第安人就用木锄刨开了沉睡的大地，撒下了金色的种子。于是，在美洲的大地上就长出了

▲玉米神像

葱茏的玉米，结出硕大的果穗和晶莹如玉的籽粒。在漫长的岁月里，印第安人就依靠种植和采集太阳神赐予的玉米果穗作为食品，用它的秸秆作为柴薪，用它的苞叶编织衣物，如此世代相传，繁衍不息。

长期以来，印第安人一直把玉米视作太阳神的化身，是它拯救了万物生灵，是它给人们带来了幸福。传说印加帝国的古都库斯科就是太阳神吩咐他的儿子卡巴克修建的。在印第安人的印加部族里，延续着一年一度的盛大传统节日——太阳祭。这种隆重的祭祀仪式源于印加帝国鼎盛时期，世代相传，沿袭至今。

在每年的6月24日，东方欲晓，居住在库斯科城一带的印加人便汇集在高大的祭坛周围。人们顶礼膜拜，静待火红的太阳慢慢升起。当仁慈的太阳神逐渐升高并移向天顶的时候，隆重的祭祀仪式开始了。高高的祭坛上燃起了圣火，它是用玉米酿制的"契契酒"作为燃料，熊熊的火柱直冲云霄。鼎沸的人群顿时鸦雀无声，聆听着部族首领三番五次向太阳神唱诗般的祈祷。然后人们顺序走近祭坛，献上自己精心制作的祭品——用玉米粉精制的圆形糕饼。当玉米酒浆从陶瓷中倾泻出来，地上燃起火青的时候，太阳祭达到高潮。人们围着火堆，载歌载舞，欢声雷动，群峰振撼，直至黄昏，狂欢的人群伴随

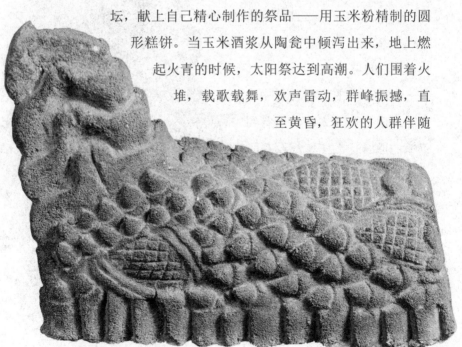

▲ 玉米神像

着落日的余辉，满载着希望的种子返回家园。

玛雅文明是美洲古代文明的杰出代表，因印第安玛雅人而得名，主要分布在墨西哥南部、危地马拉、伯利兹以及洪都拉斯和萨尔瓦多西部地区。在玛雅人的神话中，人的身体是造物主用玉米做成的，传说当初神造人时，先用泥土塑人，但一下雨，泥土人就融化了。后来用木头做人，但动作太过僵硬迟钝，又失败了。最后神想到将玉米团捏成"人"形，并注入蛇的血，这才成功地造出了人类。玉米造出来的人不容易损坏，最重要的是有心脏、有情感，能够赞美和颂扬造物主。时至今日，人们仍然把土著人称为"玉米人"。

玉米是玛雅世界的重要粮食作物，玛雅人食物的80%是玉米。相应地，玉米种植也就几乎是玛雅农业的全部，玉米的丰歉直接影响到他们的生存。所以，玛雅文明又称为"玉米文明"。

玛雅人至今仍沿用着3000年来基本不变的的农业模式，玉米耕种方式也

▲ 玉米神像

基本保持了传统。虽然如今铁制的工具取代了以前的石斧尖棒，但耕种方式和工具仍然不得不恪守祖宗留下的老规矩。先伐木，后烧林，再播种，然后每年变换玉米地的场地。

在建筑、雕刻、文字、历法等方面都有超凡造诣的玛雅人在农业发展上特别迟钝吗？并非如此。那么，为什么没有其他方式或用具适应玛雅人这片土地呢？第一，此地土层很浅，一般只有几英寸深，间或出现一些小坑，也不过一二英尺深而已，而且实为罕见。再者，当地天然石灰岩露出地表的情况很多，无论你用什么农具翻土，犁、锄、铲、锨、耙，都无济于事。美国一些农业专家前去实地考察之后也不得不承认，玛雅人的方法就是最佳的选择，淬过火的尖头种植棒，石斧，还有用来装玉米种子的草袋也许就是最适宜的工具，如果把现代农业机械开进这片丛林，那只能是杀鸡用牛刀，大而无当。

近代以来，玛雅后裔引进了一种新的农具——铁制砍刀，它彻底改变了玛雅人的除草方式。古代玛雅人用手将草连根拔起，而现在，借助砍刀大大方便了劳作，却也带来了除草不尽的后果。以现在一个普通玛雅家庭为例，一般开垦一块约 4.05～8.09 公顷（10～20 英亩）大小的玉米地，连续种两年后就得让它休耕 10 年，因为第 3 年的产量仅为新田地产量的一半。这样的话，要保证这个家庭每年都有地种，就需要有六块约 4.86 公顷（12 英亩）的田地，确保在其他五块地都处于休耕状态时至少有一块可以播种、收获。以一个村子平均有百户人家计算，就需要有约 2913.74 公顷（7200 英亩）的土地。如果再加上地质差异因素，在比较贫瘠的地区，所需的土地面积可能会更大。

美国华盛顿的卡内基学院曾于 1933～1940 年做了一个玉米种植实验，地点就选在奇琴伊察附近。他们采用连续耕作，头 4 年内用现代的砍刀式除草，后 4 年改用古老的连根拔草的办法。各年的产量以磅计分别为 708.4、609.4、358.4、146.6、748.0、330.0、459.8、5.5。头 2 年的产量较稳定，但从第 3 年起大幅度下降。而第 5 年改用古老的拔草方法之后，产量明显上升，甚至略高于第 1 年（用砍刀除草）的产量。第 6 年降至第 5 年产量的一半，第 7 年又有所回升。最后 1 年由于遭遇蝗灾（从 1940 年起持续 3 年）而几乎一无所获。这项实验的结果表明，用传统方式除草，虽然不能保证年产量比现代高，但能够将玉米地的连续耕作周期延长 7 ～ 8 年。这样，14.57 公顷（36 英亩）土地就能维持古代玛雅家庭常年有地可种。

莫里斯·斯代葛达博士根据自己对尤卡坦半岛的农业调查，指出了一个颇具文化意义的事实。玛雅农夫完成一年的玉米种植全过程，只需要 190 天。也就是说，余下的 175 天他都可以去从事生产食物以外的活动。不仅如此，通过这实际耕作的 6 ～ 7 个月，他可以收获两倍于他和他的全家人一年所需的粮食。多余的谷物可以作种子，可以用做交易，以获得玛雅家庭无法自己生产和获得的生活资料及一些小奢侈品。热带雨林的环境使得维持生活的条件较为简单，没有过冬的烦恼，又有充足的木材、纤维，人生活其间就像植物生活其间一样，枝舒条达，容易存活。

而如果一个家庭没有太多的奢求，光满足其自身的温饱问题（温是天然保证的，只需自己动手解决饱的问题），70 ～ 80 天的实际劳作时间就足够了。余下的 290 天左右完全空余出来，大约有 9 ～ 10 个月。这么长的闲暇对于文化而言是极好的催生剂。玛雅古典时期为数众多的金字塔、庙宇、广场、宫殿等等都是这些闲暇中的杰作。西班牙人统治时期的大量教堂、修道院及公共建筑，今天尤卡坦地区的大麻种植园，也都是玛雅人的闲暇被利用的见证。伟大的文明不一定完全来自于闲暇，但维持温饱之外仍有余力无疑是文明发展的重要条件之一。

著名文化人类学家、史学家汤因比在分析研究了全世界 26 种文明类型之后，也做出了相同的结论。人类的文明发生虽然需要一定的环境前提，但是针对不利的自然因素而做出应对挑战的文化行为，这才是人类文明的关键。各民族面临的挑战不同，做出的应对也不同。在这片荆棘疯长、地力贫瘠的土地上，为了养活一个高度文明所必需的人口，玛雅人也有独特的创造。玛雅人种植玉米的生产活动，与其所处的自然环境可谓相得相宜。他们不辞劳苦地四处选田址，砍乔木，烧荒草，点种，除草，其播种方式居然到今天看来还是那么合理。为对付乱石密集、土层浅薄的自然条件，他们发明了朴素无华的掘土棍，其有效性使所有现代机械、半机械、人力或农具都望尘莫及。

④ 玉米的一生

　　玉米的一生是从播种到新一代种子成熟的过程，是一个生育周期，称为全生育期。它经历了种子萌动、发芽、长根、出苗、长叶、雌雄幼穗分化、拔节长茎、抽穗、开花、授粉受精、灌浆、成熟等过程。这个过程包括两种性质不同的变化，一种是各器官的体积不断地增大或数量增加，这种数量的变化称为"生长"；另一种是内部生理代谢发生阶段性变化，使组织结构和生理功能产生性质不同的进展，这种质上的变化称为"发育"。在整个生育周期中，不同阶段由于外界环境条件变化所产生的影响及其本身生长发育的结果，表现出的性状变化的阶段性称为"物候期"，如出苗期、拔节期、抽雄期、开花期、吐丝期、灌浆期、成熟期等。

　　在生产中，人们习惯把玉米的一生分为发芽出苗期、苗期、孕穗期、花粒期4个阶段。从播种到出苗阶段为发芽出苗期。播种后种子在土壤中吸水膨胀，开始萌动发芽，长出胚芽和胚根，芽鞘钻出地面即为出苗。种子的萌发需要一定的氧气、水分和温度。土壤温度要大于7℃，土壤水分要充足，土壤

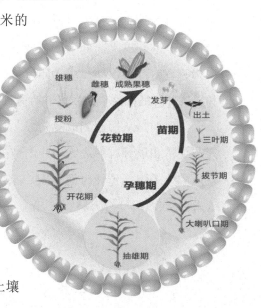

▲ 玉米的一生

温度越高，出苗越快。空气的温度不直接影响出苗，土壤温度是决定出苗时间长短的主要因素。所以一般土壤温度稳定达到15℃时才播种，早播并不能早出苗，反而使种子在土壤中停留较长时间，容易发霉，俗称"粉籽儿"。晚播则籽粒不能完全成熟，会降低产量。

苗期是从出苗到拔节阶段。此期生长锥进行茎叶分化，器官建成上以根系生长为中心，次生根逐层生长。到拔节时，强大的次生根群基本形成，能产生3～4层根，地上部长出5～6片展开叶。整个阶段属于营养生长期，栽培管理的中心任务是促进根系生长发育，培育壮苗，为以后的生长打好基础。

孕穗期是从拔节到抽雄阶段。该阶段叶片不断增多、增大，茎秆不断加粗和延长，生长非常旺盛和迅速。孕穗期结束时，根系已达到最大值，叶片全部展开，株高达到顶峰，雌雄穗分化完成。这个阶段属于营养生长和生殖生长并进期，是整个生育期中生长发育最旺盛的阶段，也是决定穗大粒多的关键时期，也是需要肥水最多的时期。这一阶段还经历了一个虽未列入物候期，但是在生产上常常提到的时期，即大喇叭口期，是追肥、灌水和防治玉米螟撒施颗粒剂的指示期。大喇叭口期的性状表现是穗位叶及其上下各一叶已经伸出不同长度，而尚未完全开展，此时心叶丛生，上平中空，状似喇叭。内部雌雄穗已进入四分体时期，接近发育成熟，在最上部和未展开叶之间能摸出发软并有弹性的雄穗。

花粒期是从抽穗到成熟阶段。营养体的发育迅速停止，而进入开花受精和以籽粒形成为中心的纯生殖生长期，这一阶段是决定产量形成的关键，延续时间约45～60天。籽粒成熟后，人们开始对玉米进行收获、脱粒和贮藏。至此，一粒种子就完成了它的一生。

⑤ 玉米的分类

15世纪末，也就是在欧洲人到达美洲大陆以前，在北美洲中西部的印第安人已经大面积种植玉米，玉米在人们的日常生活中占有很重要的地位。古代印第安人选择和培育了200多个玉米品种。有供作各种用途的爆炒品种、生食品种、染色品种、酿造品种等。籽粒有红色、黄色、白色，甚至还有蓝色、紫色的。蓝紫色玉米品种专门用来作为食品和衣物的染色剂。在甘蔗还未引入到美洲之前，古代印第安人就已经用酿造品种的玉米籽粒和茎秆榨制糖浆和酿造甜酒了。直到19世纪初期，美国人仍然是依靠种植印第安人培育的那些玉米品种繁衍生息，传宗接代。

我们常说的玉米分类包括两层含义。一层是植物分类学上的概念，另一层是人们为了满足生产生活的需要，按照不同的标准对玉

品种演变

▲ 籽粒不同颜色的玉米

米进行的分类。植物分类学是植物学科中最古老和最具综合性的一门分支学科。经典分类大多依据外部形态和内部解剖特征去分，后来把孢粉形态、地理分布和古生物等方面的内容融合进去后，有助于进一步对种类的鉴定、植物演化关系的探讨。植物分类学可以加深人们对物种多样性的认识和保护，可以探讨植物的起源和演变。

玉米在植物学分类上属于禾本科玉蜀黍族。该族有 7 个属，分别是玉蜀黍属、摩擦禾属、薏苡属、流苏果属、硬皮果属、三裂果属和多裔黍属。

在生产生活中，玉米按照不同的标准分为多种。

按种皮颜色，人们把玉米分为黄玉米、白玉米以及其他颜色玉米。

按植株形态，人们把玉米分为紧凑型、平展型、半紧凑型。紧凑型，株型紧凑，叶片上举，穗位上叶片夹角小于 15°，适合密植。平展型，株型松散，穗位上叶片夹角大于 30°，不耐密植。半紧凑型介于紧凑型和平展型之间。

按照籽粒形态与结构，人们把玉米分为硬粒型、马齿型、半马齿型、粉质型、甜质型、甜粉型、爆裂型、蜡质型、有稃型 9 个类型。

▼爆裂玉米

按播种季节，还分为春玉米、夏玉米、秋玉米和冬玉米。

按用途与籽粒组成成分，分为特用玉米和普通玉米两大类。特用玉米一般指高赖氨酸玉米、糯玉米、甜玉米、爆裂玉米、高油玉米等。

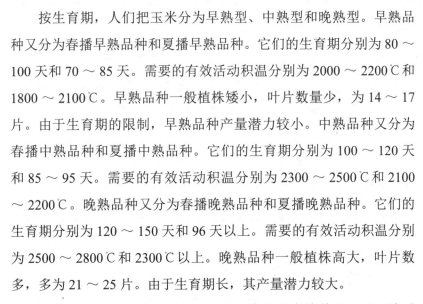

按生育期，人们把玉米分为早熟型、中熟型和晚熟型。早熟品种又分为春播早熟品种和夏播早熟品种。它们的生育期分别为 80 ～ 100 天和 70 ～ 85 天。需要的有效活动积温分别为 2000 ～ 2200℃ 和 1800 ～ 2100℃。早熟品种一般植株矮小，叶片数量少，为 14 ～ 17 片。由于生育期的限制，早熟品种产量潜力较小。中熟品种又分为春播中熟品种和夏播中熟品种。它们的生育期分别为 100 ～ 120 天和 85 ～ 95 天。需要的有效活动积温分别为 2300 ～ 2500℃ 和 2100 ～ 2200℃。晚熟品种又分为春播晚熟品种和夏播晚熟品种。它们的生育期分别为 120 ～ 150 天和 96 天以上。需要的有效活动积温分别为 2500 ～ 2800℃ 和 2300℃ 以上。晚熟品种一般植株高大，叶片数多，多为 21 ～ 25 片。由于生育期长，其产量潜力较大。

玉米在长期的栽培过程中，由于人类的定向培养以及对环境适应的变异，形成了一个庞大的家族体系。随着人类对玉米认识、培育和利用的深入，玉米家族也会变得越来越庞大，我们要做的是去发现、创造和利用多姿多彩的玉米。

积温

　　积温，一年内日平均气温 ≥ 10℃ 持续期间日平均气温的总和，即活动温度总和。它是研究温度与生物有机体发育速度之间关系的一种指标，从强度和作用时间两个方面表示温度对生物有机体生长发育的影响。一般以 C 为单位，有时也用度·日表示。

　　活动积温，高于或等于生物学下限温度的日平均温度称为活动温度，活动温度的总和称为活动积温。它适用于大量资料的计算，多应用在农业气候研究中。

　　有效积温，活动温度与生物学下限温度的差值称为有效温度。生育时期内有效温度的总和称为有效积温。它更能表征生物有机体生育所需要的热量，多应用于生物有机体发育速度的计算。

　　其他积温，冬季零下的日平均温度的累加称为负积温，表示严寒程度，用于分析越冬作物冻害。日平均土壤温度或泥温的累加称为地积温，用以研究作物苗期问题及水稻冷害等。逐日白天平均温度的累加称日积温，用以研究某些对白天温度反应敏感的作物的热量条件。

走进通辽玉米博物馆
THE TONGLIAO CORN MUSEUM

6 玉米的环球之旅

公元 1492 年 11 月，当哥伦布和他的航海伙伴们第一次踏上美洲西印度群岛时，立即被当地印地安人种植的一望无际、高大挺拔、别具一格的庄稼吸引住了，这就是后来传遍全世界的玉米。1494 年，哥伦布第二次航海归来，把玉米果穗作为珍品奉献给西班牙女王，此后玉米声誉鹊起，作为观赏植物在欧洲各国繁衍。随着 16 世纪世界性航线的辟建，玉米沿着三条路线开始了它的环球之旅。

第一路，玉米由美洲大陆首先传到西班牙，然后沿地中海航线传播到意大利、希腊和土耳其直到北非等地，经由比利牛斯山传入法国和德国，1562 年传入英国。然后由土耳其传入波兰、捷克、罗马尼亚等一些东欧国家。大约 17 世纪末传入俄国。

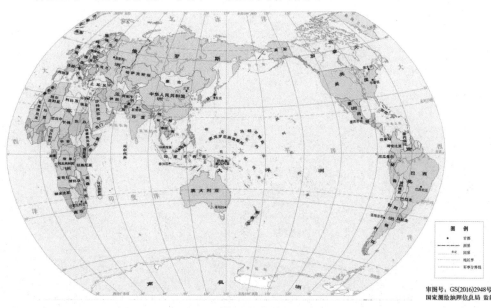

审图号：GS(2016)2948号
国家测绘地理信息局 监制

图　例

▲世界地图

第二路，16 世纪 20 年代，伴随着各国的商业往来，从非洲北部的突尼斯传入埃及、苏丹、埃塞俄比亚。1550 年，葡萄牙人又把玉米带到西非的象牙海岸，沿着贩卖黑奴的路线，传入南非等很多国家。

第三路，玉米 16 世纪 30 年代传入亚洲，通过陆路从土耳其、伊朗、阿富汗传入东亚；另一路通过葡萄牙人开辟的东方航线，经非洲好望角至马达加斯加岛，传播至印度和东南亚各国。1579 年，葡萄牙人最早把玉米带到日本的长崎。

被誉为印第安人灵魂的玉米，随着大航海时代的到来被传播到世界各地之后，它们的命运发展轨迹便从此各不相同。在欧洲、非洲和亚洲这些传播地，人类以玉米为食。可以肯定的是，物质和文化因素共同决定了传播地人们对新食物的接受能力，其中，生态起到了重要作用，因为植物在与其最初被培育相似的环境中才能长势最好。当然，科技与文化的作用也不容忽视。距离当年哥伦布踏上美洲大陆那一天，500 多年已经过去了，所有这一切都是哥伦布当年所无法预见的。

⑦ 第一个把玉米带到欧洲的人

世界上每天都在发生着奇妙的故事，时光流逝之后，这些奇妙故事的主人公，其实当时也未见得预见到自己对后世的影响有多么巨大。1492年10月12日那一天，哥伦布带着对财富的狂热梦想，成功登陆美洲大陆，他至死都没有意识到他登陆的是美洲大陆而不是印度。当他把玉米果穗作为礼物送给西班牙女王时，也根本不会意识到自己会成为世界上第一个把玉米带到欧洲的人。

历史上的很多必然都是在偶然中产生的。哥伦布并不是文艺复兴开始以来第一个从理性的角度提出西航到东方的人，但他是把西航设想付诸实践的第一个航海家、探险家。远航探险耗资巨大，需要政府的支持和上层的资助。由于哥伦布当时侨居葡萄牙，葡萄牙又是西欧当时航海探险的中心，哥伦布自然首先向葡萄牙政府提出西航建议和计划，时间分别是1483年下半年和1488年，但都没有被接纳。于是他转向求助西班牙皇室（这期间他还曾向法国游说，但没有结果），分别于1486年5月和1491年12月求得女王的召见，并在西王室的财政顾问、大商人桑塔赫尔的帮助下，最终使西航计划得到批准。

其实，西班牙女王支持哥伦布，恰恰是缺乏必要的地理知识。在哥伦布发现美洲之前，葡萄牙人已经控制了从非洲好望角直达印度的航路，葡萄牙人经过精密的计算发现，其实从欧洲到达亚洲东方最近的路途就是他们控制的航线，这也是葡萄牙人拒绝支持哥伦布的原因。当然也有观点认为，哥伦布恰恰清楚葡萄牙人的航路是通往东方的要道，但是葡萄牙人已经牢牢控制了这里，他只能选择一条新的道路。哥伦布第一次航海归来拜见了葡王若奥二世，若奥二世此时对他当初谢绝哥伦布的建议和条件后悔不迭。

哥伦布船队在第一次西航时发现了烟草和玉米。两年后，玉米随着第二次航行的哥伦布船队一起来到欧洲。虽然玉米没有像马铃薯那样被冤枉地当作毒药排斥，但它在欧洲的第一身份却是珍稀花卉，而不是食物。随后，玉米才开始被栽种，并以欧洲为中心，逐渐传播到非洲和亚洲。短短几十年的时间，玉米就传到了中国。

尽管玉米对于毕生致力于航海事业的哥伦布来说，只能算是一个小小的插曲。但哥伦布与玉米的邂逅，成为玉米在世界传播的起点。

走进通辽玉米博物馆

THE TONGLIAO CORN MUSEUM

⑧ 玉米在世界的分布

除了南极洲以外，玉米在全球广泛分布，从北纬58°的黑土到南纬42°的红壤，从海平面以下的盆地到海拔3600米的高原，我们到处都能看到它们的身影。玉米适应性强，产量高，从播种面积和总产量看，玉米是世界第一大粮食作物。

截至2012年，全世界玉米播种面积为1.74亿公顷，总产量为8410.6亿千克，单产为每公顷4800千克。相对而言，世界玉米播种面积较分散。

玉米生产居前10位的国家，美国、中国、巴西、墨西哥、阿根廷、印度、法国、印度尼西亚、意大利和加拿大的玉米播种面积分别占世界玉米播种面积的20.5%、17.6%、8.5%、5.1%、5.0%、2.3%、1.7%、1.1%、0.8%和0.8%。虽然美国和中国的玉米产量占世界的60%，但其播种面积仅占世界的38.1%。产量占世界玉米总产80%的前10个国家的播种面积仅占世界玉米总播种面积的63.4%。导致玉米产量比较集中，而播种面积较为分散的主要原因是各国玉米单产差异大，这反映了各国玉米生产条件和技术水平的差距。

人们把最适合玉米种植生长的地带称为黄金玉米带。世界玉米集中在三大地带：一是美国中部玉米带，玉米种植扩展到十几个州，生产了世界2/5以上的玉米。二是中国的东北—华北—西南，包括十几个省、自治区的狭长玉米带，占世界玉米产量的1/6以上。三是欧洲南部地区，西起法国，经意大利、南斯拉夫到罗马尼亚。

美国的玉米带是世界上著名的农业专业化生产地带，在世界上具有典型性，位于美国中、东部中央大平原上，居北纬 40°～50°，主要包括衣阿华、伊利诺斯、印地安纳、内布拉斯加和密苏里等州。这里地势低平，肥沃的草原黑钙土土层深厚，无霜期 160～200 天。春夏两季气温高，湿度大，年降水量为 520～650 毫米，这种自然条件极有利于玉米的生长发育。因而，从 20 世纪 40 年代起，这里就成为美国玉米的主要产地。20 世纪 70 年代以来，玉米带已扩展到西起内布拉斯加州，东至宾西法尼亚等 10 个州的部分地区。目前这里生产的玉米已占美国全国玉米总产量的 3/4，占世界的 2/5 以上，年产量在 1900 亿千克以上。

中国是世界第二大玉米生产国。在中国，从台湾到新疆，从东北至西南，广大的玉米种植带纵横几万里，以其不可替代的重要性顽强地主宰了近 400 年中国农业文明史。从明代中后期至清末，通过各路传播，玉米基本形成以明长城一线以南、青藏高原以东为界的主要分布区。民国初年至 20 世纪 40 年代后期，玉米种植空间突破原来的北界，不断向长城以北以及黑龙江北部扩展，并继川、陕、

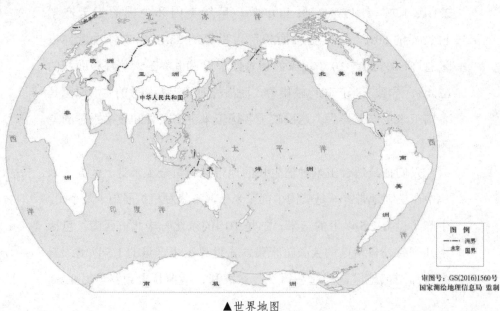

审图号：GS(2016)1560号
国家测绘地理信息局 监制

▲世界地图

鄂三省交界处之后，玉米种植比例大的地区逐渐向华北、东北移动，在空间上形成连接东北、河北、山西东南部、川陕鄂三省交界、四川、云南、贵州等地，呈东北—西南向玉米带。

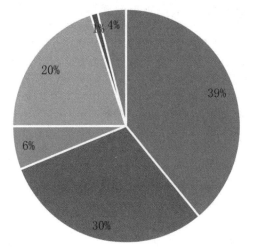

- 北方春播玉米区
- 黄淮海平原夏播玉米区
- 南方丘陵玉米区
- 西南山地丘陵玉米区
- 西北内陆玉米区
- 西北灌溉玉米区

▲中国6大玉米主产区播种面积比例

截至2015年，中国玉米播种面积为3.81亿公顷，总产量为2245.8亿千克。根据各地的气候、土壤、地理条件及耕作制度等因素将中国玉米种植划分为6个区：北方春播玉米区、黄淮海平原夏播玉米区、西南山地丘陵玉米区、南方丘陵玉米区、西北内陆玉米区和青藏高原玉米区。北方春播玉米区是中国玉米主产区之一，以东北三省、内蒙古和宁夏为主，常年玉米种植面积稳定在650多万公顷，占全国的39%左右，总产270亿千克，占全国的40%左右。黄淮海平原夏播玉米区是中国最大的玉米集中产区，以山东和河南为主，常年种植面积约600多万公顷，约占全国的30%，总产约220亿千克，占全国的34%左右。西南山地丘陵玉米区以四川、云南和贵州为主，玉米播种面积约占全国的20%，总产占18%左右。南方丘陵玉米区以广东、福建、台湾、浙江和江西为主，是中国秋、冬玉米的主要种植地区，由于气候条件限制，玉米种植面积较小，种植面积为全国的 6%，总产不足 5%。西北内陆玉米区包括新疆维吾尔自治区和甘肃省一部分地区，种植面积约占全国的 4%，总产约占 3%。青藏高原玉米区是中国重要的牧区和林区，玉米是本区新兴的农作物之一，栽培历史很短，种植面积和总产都不足全国的 1%。

　　现在，适合耕种的地方几乎都可以看见玉米的身影，近代玉米杂交种的产生极大的提高了玉米的产量。只要人类还以玉米为食，玉米在世界的分布将会更加广阔。

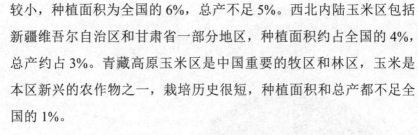

如果把 20 世纪玉米生产史与玉米育种史相联系，可清晰地看出：玉米育种学是伴随玉米生产的发展，以生物进化论为基础，以遗传学为理论指导，结合生态学原理并与其他相关科学紧密联系，而成长起来的一门应用科学体系，通过对玉米生产的研究，选育新品种，进一步促进了玉米生产的发展，在发展中完善充实。玉米育种发展经历了混合选择改良和杂交育种两个阶段。

1　混合选择改良

印第安人对玉米的选择

玉米起源于美洲，因此，美洲印第安人在长期的种植过程中，有意无意地对玉米进行了选择，这种选择使得玉米果穗不断增大，穗行不断增多，茎秆不断增粗。印第安人对玉米的选择经历了两个阶段，第一个阶段是无意识的选择。他们每年在种植玉米的过程中总是选择穗大粒多的果穗留种，同时他们的宗教信仰也有利于对玉米的选择，供祭祀用的玉米果穗要美观、鲜艳、籽粒饱满。因此，他们将玉米果穗隔离种植，精心管理，认真选择。在收获季节，还要认真检查每个果穗和茎秆，经过多年的选择，有益性状逐渐保存和积累，不利性状遭到淘汰，最后玉米品种获得改良。第二阶段是有意识的人工选择。他们选择并保存不同用途的特殊玉米类型，对于不同颜色的玉米严格挑选，甚至成为一种艺术。他们选择了用来酿制酒的特殊甜玉米种，选择了大粒玉米种，其籽粒和欧洲蚕豆大小一样。同时，他们还把玉米和大刍草杂交，改良玉米，产生杂种优势。例如，野生玉米的果穗长度只有 2.4 厘米，人类开始种植玉米后的 100 年时间，就增加到 5.5 厘米，到 6000 年后的 16 世纪，玉米果穗已经增加到 13 厘米了。玉米只有在人工选择下才能具有今天这样的特征，也只有在人工栽培条件下才能生存下去，它已经完全失去了其野生特性。所以，印第安人从事了人类文明史上一项重大事业，是最早的玉米育种家，对人类的生存和发展做出了重大贡献。

美国人 1900 年前对玉米的选择

在哥伦布发现美洲大陆后，欧洲人大量移民美国，在 1900 年前的 400 多年时间里，北美大量种植玉米（主要是后来的美国），其中有几位科学家在玉米改良方面做出了杰出的贡献。值得一提的有罗兰、库伯和布朗。1812 年，罗兰报告了他的试验结果，用葫芦粒玉米和硬粒玉米仔细地杂交，产生了一个新品种，比任何一个品种都增产 1/3 以上，而且他还对玉米的农艺性状进行改良，使之更适合农民的需求。他的玉米改良方法和培育出的品种以后逐渐为美国玉米带接受。

库伯采用的方法和罗兰一样，即把不同玉米品种种植在一起，让它们相互杂交，收获时选择早熟大穗的玉米种子。然后下一年再种下去，继续选择，经过多年的改良，使玉米的产量大幅度提高。库伯培育的玉米主要是早熟类型和多穗类型。

布朗研究玉米的方法是详细地调查它们的性状和差别，从中筛选优良的品种，并综合在一起，形成综合种。

1900 年后美国人对玉米的选择

19 世纪初，三位农民瑞德、克鲁格、海西分别培育出瑞德玉米、克鲁格玉米和兰卡斯特玉米，在玉米选择上做出了杰出贡献。瑞德玉米是瑞德父子经过多年的选择获得的。首先，老瑞德从俄亥俄州布朗县引进了一个淡红色的玉米品种"金色霍普金斯"，种下去之

后，表现很好，植株高大，茎叶繁茂，但一场大风过后，倒伏严重，没有倒伏的植株也没有完全成熟。第二年种下去，出苗很差，只好在缺苗的地方补种一个早熟硬粒品种小黄，这两种玉米在散粉时发生了天然杂交，产生了一个混合的杂交后代。小瑞德在1870～1890年对这个杂交后代群体进行了认真的选择，创造性地培育出瑞德玉米。小瑞德的选择偏于18～24行的圆桶形果穗。后来又把马齿玉米和半马齿玉米混合种植，经过天然杂交，最后从中选择出瑞德玉米。瑞德玉米的产量在当时很高，适应性也很好，到1890年瑞德玉米实际上已成为玉米带产量最高的品种之一，很快就在玉米带推广开来。

克鲁格于1903年选用了许多优良品种进行杂交，发现内布拉斯加玉米与衣阿华金矿玉米的杂交后代表现最好，植株健壮、产量很高。克鲁格玉米的特点是果穗硕大，整齐，籽粒饱满，基部充实，有鲜艳的光泽。后来玉米育种家普菲斯特用自育的品种和克鲁格玉米杂交，综合了一些新的优良基因，进一步提高了产量。克鲁格玉米后来在玉米带广为种植。

海西最初把一个晚熟大穗马齿玉米与一个早熟硬粒玉米杂交，然后分别授予它至少6个其他玉米品种的混合花粉。1910年从中选出了几个早熟高产的玉米品种，特别是具有秆粗、穗大、抗病、根系粗、抗倒伏等性状，在兰卡斯特县种植，表现高产。经过推广，这个综合品种很快就在玉米带的东北地区迅速普及。

2 杂交育种

沙尔对玉米籽粒行数的遗传进行了研究，并于1908年和1909年发表了两篇文章，揭示玉米自交导致衰退，杂交产生生长优势的现象，从而奠定了近代玉米育种方法的基础。由两个自交系组配的杂种称为单交种。由于自交系亲本产量偏低，单交种子的生产成本过高，根据琼斯（1918）的建议，在生产上改用了双交种种子，即两个单交种分别作为父母本，配制的杂种后代。因此，美国没有像中国一样大规模推广品种间杂交种，即两个普通品种杂交所产生的杂交后代。

杂交种子具有巨大的商业价值，因此，20世纪20年代末美国成立了许多种子公司，从事玉米育种和种子生产销售工作。目前世界上最大的种子公司——先锋种子公司就是成立于1926年。种子公司的参与使得双交种杂交玉米从20世纪30年代开始迅速推广，1934年占美国玉米面积的0.4%，1944年占59%，1956年全美已经普及玉米杂交种。

1963年，当德卡布种子公司生产的第一个单交种XL45的商品种子问世后，由于其高产潜力和较高的整齐度，使得各种子公司相继育成并推广一批单交种。到20世纪70年代末，单交种和改良单交种占88.4%，三交种占10.4%（即一个自交系和一个单交种组配的杂种后代），双交种仅占1.2%。

进入21世纪，玉米育种学与细胞杂交技术、DNA技术相结合，将会产生巨大发展潜力，最终服务于社会化工业生产。

小贴士

杂种优势

两个遗传基础不同的个体杂交所得到的杂种一代在生长势、存活力、生殖力和抗逆性方面优于双亲的现象称为杂种优势。杂种优势这一术语是沙尔（1907）首先提出的，它是生物界的一种普遍现象。它也是一种综合现象，产生的原因是多方面的，对生物进化和动植物育种都有重大意义。

对杂种优势的研究最早始于达尔文，1876 年他在《植物界杂交和自交的影响》一书中发表了对玉米自交和杂交效应的研究结果。达尔文选择了 15 株玉米单株隔离种植，抽雄后进行自交授粉，另 15 株玉米进行自然杂交，种植这两种后代进行仔细地观察。发现抽雄之后自交植株比天然授粉植株形成的花朵显著地减少，植株高度之比为 80:100。达尔文还发现，异花授粉植株不论竞争如何，都比自花授粉植株具有比较强的遗传优势，不论是分别种植或是一起种植，这种遗传上的优势都会表现出来。达尔文的结论是"异花授粉是有益的，自花授粉是有害的"。

比尔是达尔文的追随者，他仔细地研究了达尔文的玉米杂交试验，并开始了自己的试验。他把各类玉米种植在试验地中，当抽雄时，除留下一个品种的雄穗外拔去其余品种的雄穗，并把雌穗用透明纸袋套起来。用雄穗花粉给每一个品种的雌穗授粉，由于选择亲缘关系比较远的品种杂交，比尔的杂交玉米产量提高了 25%。比尔是世界上首次人工控制玉米授粉的试验者。

杂种优势在植物界广泛存在，那么它产生的原因是什么呢？ 20 世纪早期，科学家们做了大量的研究。近代有两种假说可以较好的解释杂种优势，这就是显性假说和超显性假说。显性假说和超显性假说各有优点，也各有不足，二者结合起来则可解释更多的杂种优势现象。或许杂种优势的形成既有显性假说的原因又有超显性假说的原因，还可能有其他许多种原因。

杂种优势是一个很复杂的问题，有关杂种优势的理论研究尚不能解释杂种优势的机理。因此，目前玉米育种实践远远走在理论研究前面，育种家根据经验和配合力测定选育玉米杂交组合，这也是杂交育种工作不能进一步飞跃的原因之一。

⑩ 玉米何时传中华

在缺乏考古学发掘实物证据的情况下，古籍中关于玉米植物形态方面的描述，被认为是玉米传入中国最早的可靠史证。按照公认的说法，玉米是 16 世纪初期传入中国的。

▲ 有玉米记载的古籍

1560 年，赵时春编撰的甘肃《平凉府志》记述："番麦，一名西天麦。苗叶如蜀秫而肥矮，短末有穗如稻而非实。实如塔，如桐子大，生节间，花垂红绒。在塔末长五六寸。三月种，八月收。"这是迄今保存下来我国最早关于玉米植物学形态描述的记载。1573 年，田毅衡著《留青日札》记述："御麦出于西番，旧名番麦，以其曾经进御，故名御麦。干叶类稷，花类稻穗，其苞如拳而长，其须如红绒，其实如芡实，大而莹白。花开于顶，实结于节，真异谷也。"明末著名药学家李时珍在走遍南北数省、考察许多植物的生长和药性之后，于明万历六年（1578年）把玉米录入他的重要药物著作《本草纲目》："玉蜀黍，种出西土，种者亦罕。其苗叶俱似蜀黍而肥矮，亦似薏苡。苗高三四尺，六七月开花成穗，如秕麦，苗心别出一苞，如梭鱼形，苞上出白须垂垂。久则苞拆子出，颗颗攒族。子亦大如芡子，黄白色，可炸炒食之，炒拆白花，如炒拆糯谷之状。"

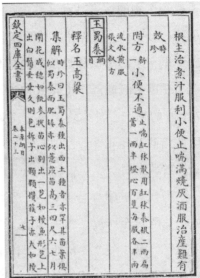

▲《本草纲目》中关于玉米的记载

确定把玉米植物学形态特征的记述作为玉米传播的重要史证，进一步追踪发现，并不是古籍所有记述类似玉米的名称，都被认为是新引进的玉米的同物异名。20世纪许多寻求通向中华"玉米之路"的学者，有时也把类同玉米的高粱、谷子、小麦、稻谷等作物的异名品种误认为玉米，这就形成了玉米传入我国多途径学说以及辨识上的困难。

万国鼎在1962年所著的《中国种玉米小史》中，记述玉米传入中国之路。文中说，我国最早记录玉米的方志是明正德六年（1511）

安徽《颍州志》，其中叫珍珠秫，它引种我国的时间大约是在1500年。但是从时间上推算，从1492年哥伦布发现新大陆到1511年载于颍州方志，仅仅只有20年的时间。这时东方航线尚未辟建，玉米在欧洲一些国家里也仅仅作为珍贵观赏植物，它的食用价值尚未被认知，而且在信息闭塞、交通不便的古代，玉米绝决不会如此之快地传入东方，并深至国内腹地。佟屏亚在北京图书馆查证，明正德六年刻印的《颍州志》，在物产谷部中分别记录了稻、麦、黍、谷、蜀秫等作物的许多品种，其中在"蜀秫"条目下，刻有"蜀秫、狼尾秫、珍珠秫、黑壳秫、鸠眼秫、金苗秫"。稍加注意，就可以辨别出这里记录的珍珠秫显然指的是高粱（蜀秫）的一个品种。又据查证200年后清乾隆十七年（1752）编修的《颍州志》巨著，在所属7个府的物产谷部中均不著录玉米，设若正德六年《颍州志》中珍珠秫指的就是玉米，200年后理应在当地大面积广泛种植，决不至仍然默默无闻。

当代农史学界普遍认为，玉米传入中国有三条途径：第一条，先从北欧传至印度、缅甸等地，再由印度或缅甸最早引种到我国西南地区。第二条，先从西班牙传至麦加，再由麦加经中亚最早引种到我国西北地区。第三条，先从欧洲传到菲律宾，尔后由葡萄牙人或在当地经商的中国人经海路引种到中国东南沿海地区。

据佟屏亚先生分析考证，玉米从第一条即西南陆路传入中国的可能性最大。玉米在我国的传播大致是先边疆，后内地；先山区，后平原；先南方，后北方。玉米的广泛适应性、良好的食用价值以及能满足人们对粮食的需求，是玉米迅速传播和发展的重要原因。清代乾、嘉时期玉米获得初步的发展，到19世纪末期，玉米基本上传播到全国大部分适宜种植的地区，并与中国已有的"五谷"并列，跃升至"六谷"的地位，而在广大丘陵山地，玉米后来者居上，发展成为"特之为终岁之粮"的主要粮食作物。玉米的传入和发展扩大了耕地面积，增加了粮食产量，对社会进步和经济繁荣起了重大的促进作用。

玉米从第二条即西北陆路传入中国的证据不足，也不排除17世纪以后玉米从第三条即东南海路引入的可能性。据斯塔夫里阿诺斯（美）所著的《全球通史》记载，1513年，第一艘抵达中国口岸的葡萄牙船驶进广州港，葡萄牙人获得了在广州下游的澳门设立货栈和居留地的权利，他们从那里继续从事在远东的交易。这是自马可波罗时代以来第一次有文字记载的欧洲人对中国的访问，玉米有可能通过海上贸易传入中国。

品种演变

11 中国玉米育种

　　玉米从 16 世纪初期传入我国，已有 500 年的历史。当时玉米以"救荒作物"的面貌出现，主要种植在不宜种水稻的丘陵和山区，耕作粗放，广种薄收，发展缓慢。在传入后 400 年的时间里，通过自然选择和人工选择获得了适应中国环境的品种。直到近 100 年来，玉米成为主要粮食作物以后才发展起来。我国玉米品种改良事业，大致分为 5 个阶段。

第一阶段：1900 ～ 1948 年，启蒙创建时期

　　20 世纪初期，一批有志之士通过设农会、开学堂等方式开展了一场颇具规模的科技兴农运动，积极介绍欧美先进科学知识和实施农政新

▲ 1959 年 8 月通辽县硝锅大队科学种田

法。各省相继兴办农业学校，建立农事试验场，开展农业科学实验。1915 年，钱志澜最早向国人介绍有关玉米栽培的现代科学技术知识，包括玉米的起源、分类、用途以及施肥灌溉、中耕等栽培技术。从 1926 年起，金陵大学的王绶等人分离自交系并组配杂交种供教学

之用。1934年，已有自交系约500份。同年，金善宝发表了《近代玉米育种法》，首次系统介绍了美国近代玉米育种方法。当时还有不少传教士和美籍教师引进许多玉米优良品种。例如，在山西省太古铭贤学校执教的美籍教师穆懿尔，1930年从美国中西部引进金皇后、银皇帝、金多子等12个优良马齿玉米品种。1931～1936年在学校农场进行评比试验，以当地品种太谷黄、平定白作对照。这项工作先后由穆懿尔、霍席卿、周松林、朱培根等负责。评比结果以金皇后表现最好，平均每公顷产量4102.5千克，最高每公顷5302.5千克，推广种植到华北、东北、西南和东南各省。在以后的40年里，这个品种对促进我国玉米生产发展和供作杂

▲ 1962年通辽科研人员在田间

交育种材料都起到了重要作用。

　　20世纪30年代初，中央农业试验所成立，统一制订育种计划，统一征集玉米材料，标志着我国现代作物育种事业发展的新起点。中国的玉米科学家在极端困难的情况下，从事着玉米的改良工作，由于经费不足、战争爆发及技术的落后，玉米育种工作尤其是杂交育种工作进展不大，更没有在生产上发挥实效。相反，由于综合种不需要制种，育种速度快，产量高于农家种，所以，综合种在这一时期被主要推广。代表品种有白鹤、美稔黄、金皇后、银皇帝、金多子等。

第二阶段：1949～1959 年，以评选农家良种和品种间杂交种为主时期

中华人民共和国成立，标志着农业生产开始了一个新的时期。农村实行土地改革，摧毁封建制度，饱受战争洗礼和饥荒威胁的农民获得了广阔的生存空间，发挥了前所未有的劳动积极性。同时，各地劳动模范的玉米丰产经验经过各级农业技术人员系统总结，试验并组织推广。为了迅速提高粮食产量，国家提出了玉米改良及杂交种推广方案，全国各主要院校相继开展了品种间杂交种的选育工作，并在生产上同步推广。那时不需要品种审定，新品种一旦表现良好就地推广。代表品种有坊杂 2 号、凤杂 1 号、春杂 4 号、齐玉 25 号、百杂 2 号等。

▲ 1950 年科研人员在哲盟农事试验场进行玉米人工授粉工作

第三阶段：1960～1970 年，继续评选农家良种，以推广利用双交种为主时期

20 世纪 50 年代末，国内各育种单位相继育成了一批双交种，双交种迅速在生产上推广，到 1965 年，双交种已在生产上大面积种

▲ 1963年通辽市农业科学研究院科研人员在田间调查

植。代表品种为春杂5号、农大3、4、7号、双跃3号、双交1、4、7号等。

受农业"大跃进"和十年"文化大革命"的影响，玉米生产发展缓慢。玉米生产经过几年徘徊并落入低谷之后，1962年，中共中央提出对国民经济实行"调整、巩固、充实、提高"的八字方针，加强农业基本建设，增加物质投入，推广优良品种，重视农业科学研究，大力恢复农业生产。农业部门召开一系列会议，采取行之有效的措施，玉米生产得以逐步发展。

第四阶段：1971～1978年，推广利用单交种，各类杂交种（综合种、顶交种、三交种）交叉使用时期

新单1号，是河南新乡农业科学研究所于1963年组配成功的，1965年开始推广种植。它的育成及大面积应用，标志着我国玉米生产从双交种进入到单交种阶段。随后，一些科学院校的单交种也相继育成推广，这些单交种的应用使玉米产量大幅度提高。从 20 世纪 60 年代末开始推广，到 20 世纪 70 年代中期，单交种所占份额不断增加。1978 年，杂交种播种面积占全国播种面积的 69.8%，在杂交种中，单交种占 67.7%，双交种占 18.4%。代表品种有丹玉 6、郑单 2 号、吉单 101、陕单 1 号、嫩单 1 号及抗病单交种中单 2 号。

第五阶段：1979 年以后，大面积利用单交种时期。

1978 年 12 月，中共中央召开十一届三中全会，讨论和制定《中共中央关于加快农业发展若干问题的决定（草案）》，中国农业和农村经济进入了改革和发展的新阶段。中央加强对农业生产的领导，农村改革开放以及实行农户联产承包责任制，农村经济和农业生产呈现新的形式。依靠科技进步，增加物质投入，特别是确立玉米在饲料中的主导地位，玉米生产稳步发展。

黄早 4 和 Mo17 的首次相遇，表现出显著的杂交优势，黄莫 417 使各地玉米产量得到了大幅度提高。后来，相继组配出的一批紧凑型玉米杂交种，株型创新引起育种家们的广泛关注。之后全国各地

▲钟崇昭讲授黄莫 417 高产栽培技术

开展了一系列"优质、高产、多抗"玉米杂交种选育工作，实现了5次单交种更换。代表品种有掖单2号、掖单4号、掖单11号、掖单12号、掖单13号、掖单19号。

由此可以看出，我国在玉米杂交育种上成就很大，同发达国家相比也不算落后很多，但基础理论和应用基础理论研究却落后于发达国家较多，这突出表现在新技术、新方法及种质资源的研究方面。我国在玉米育种上所采用的技术、方法、理论多引自美国。

此外，育种基础材料严重不足，缺乏有突破性的后备品种。我国的品种资源库中存有1.6万份玉米种质资源，但绝大部分未深入研究，不能充分发挥作用，而且这些材料所代表的种族类型有限，遗传基础比较狭窄。遗传基础的狭窄，使我国玉米对病虫害和逆境表现出脆弱性，同时也难以培育出有突破性的新自交系和新品种。

我国新品种的更换速度很慢，30多年来平均更换速度在7～8年，而美国新品种的更换速度则在5年左右。我国有些品种使用长达20年之久。如中单2号，1973年育成，1980年达到94万公顷，随后一直上升到年播种面积200多万公顷，1994年面积仍为143.3万公顷，20年长久不衰。一方面说明该品种十分优秀，另一方面也说明有突破性的品种、高产稳产适应性广的品种很少。

小贴士

杂交种

单交种是两个亲本杂交所得到的后代，用（A×B）F1来表示。

双交种是四个品种或自交系先两两配成单交种，再由两种单交种杂交而得的杂交种，用 (A×B)F1×(C×D)F1 来表示。双交种制种成本低，可提高制种田产量，缩小制种田面积。但需较多隔离区，程序比较复杂，育种时间长，增产效果往往不及单交种，在生产上应用已逐渐减少。

三交种是三个血缘不同的玉米自交系先后经过两次杂交而形成的杂交种，用 $(A \times B)F1 \times C$ 来表示。三交种生长的整齐度和产量不如单交种，制种程序较单交种繁琐。

走进通辽玉米博物馆

THE TONGLIAO CORN MUSEUM

⑫ 玉米何时传入通辽

清朝末年，随着人口增加，人地矛盾日益突出，农业产品满足不了社会需求。当时的通辽地广人稀，大批关内流民开始来科尔沁草原租地垦荒。历史记载，科尔沁草原第一次放荒是在1791年。1910年，朝廷钦差大臣叶大匡、春德在《调查科尔沁左翼后旗报告书》中写到："该旗自嘉庆年间即招民垦地为朝于蒙古借地养民之第二期迄今已百有余年"。当时，科左后旗已有玉米零星种植，报告书中记载，玉米种植面积很小，和其他作物一起相宜种植。届秋之后，无户不仓箱满贮，其丰收景象与内地农家无异。据此可以推测，玉米传入通辽的时间应该在1791年以后，玉米在通辽应该有200多年

▲叶大匡、春德《调查科尔沁左翼后旗报告书》

的种植历史。但是，目前最早的文献记载只有1910年的《调查科尔沁左翼后旗报告书》，也就是可以确定玉米在通辽至少有100年的种植历史。100至200多年间，玉米从科左后旗西部传至东部再传至科尔沁区，然后分两条路线，向西传入开鲁、奈曼至库伦；向东传至科左中旗，再由科左中旗传至扎鲁特旗，完成在通辽的传播历程，遍布西辽河两岸。

带玉米吊坠的蒙古族烟荷包是玉米传入通辽的另外一个证据。烟荷包是蒙古族男子的配饰之一，也是体现妇女，尤其是姑娘手艺高超的代表物。在不少地方风俗中，烟荷包是姑娘赠送给恋人的信物。雕刻精美的玉米果穗吊坠的用途是把烟荷包固定在腰间，同时也有装饰作用。

据收藏家鉴定，玉米吊坠至少有100年的历史，它反映了百年前玉米与当时科尔沁草原人们生活的关系。

▲带玉米吊坠的烟荷包

13 通辽史话

内蒙古通辽市地处祖国北疆，历史悠久，是蒙古民族的发祥地之一。越来越丰富的考古资料显示：科尔沁草原在很早以前就有了人类活动，也同其他地区一样，有一部没有文字记载的史前历史。

在中国历史学的断代中，一般把夏代以前的历史，称为"史前时期"。随着夏王朝的建立，史前时期也宣告结束了，中国开始进入了古代文明时期。中国的史前时期，时间跨度最大，从大约170万年前有人类活动开始，一直到公元前21世纪。由于在这一时期，人们使用的生产和生活用具，主要是打制和磨制的粗糙石器，人们过着极为艰难的原始生活。所以，在考古学上，人们也习惯地将这一时期称作旧石器时代和新石器时代。

▼不同历史文化时期的石斧

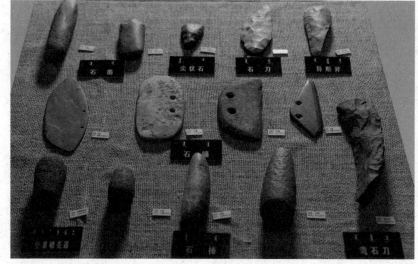

▲不同历史文化时期的石器

　　相对于没有文字的史前时期而言，通常史学上将有文字记录的历史称作"历史时期"。通辽市博物馆郝为彬研究员认为，界定科尔沁草原的"史前时期"和"历史时期"，应以科尔沁草原有无文字记载为分界线。在科尔沁草原还没有文字记载以前的时期，就是"史前时期"，有文字记载以后的时期就是"历史时期"。

　　科尔沁草原是中国北方各游牧民族活跃、更迭的历史舞台，同中原地区相比较，这里有文字记录的历史开始的比较晚：第一，有文字记录的汉文史料就比较晚，从东胡族开始在中原史籍里才有了些许的记载；第二，在科尔沁草原地区生活过的少数民族，他们自己创造和使用的文字更晚，契丹是这一地区最早创造和使用文字的民族。可是，契丹文字是在五代时期才创造和使用的。可以说这里有文字的时间很晚。因此，关于科尔沁的历史分期也不应和中原相同，科尔沁的"史前"和"史后"时期的分界线应晚到春秋时期东胡族兴起之后。在东胡族兴起之前，这里没有文字记录，这个漫长的历史时期，都应算做通辽地区的"史前时期"，这一时期大约从已发现的有人类活动开始（距今约 8000 年前兴隆洼文化），到青铜文明中晚期的夏家店上层文化（约距今2700年前）止，大约经历的时间是5300多年。

科尔沁地区的史前时期，与中原地区相比向后延1200多年，因此，科尔沁草原进入"历史时期"的时间比中原地区要晚。但是，在科尔沁史前时期，有充分的考古资料证实：这一地区与中原地区相比，其发展是同步的，甚至要比中原还要早一些。截至2012年，在通辽市现行行政区域的范围内，已发现的史前考古文化类型有：兴隆洼文化、红山文化、哈民茫哈文化（尚未正式命名）、南宝力皋吐类型、夏家店下层文化、夏家店上层文化等6种文化类型。

应当感谢考古学者的不懈努力，使我们走出对自己所处土地与历史的懵懂无知。那些发掘出土的器具文物仿佛暗夜里的依稀星光，碳14定位让我们得以窥见同住在这片土地上的史前先民的生活。距今约有8000多年时间的兴隆洼文化遗迹，是已发现的科尔沁草原上最早的人类活动遗迹。兴隆洼文化主要集中在内蒙古通辽市南部地区，如奈曼、库伦、后旗等地。距今约有5500至6000多年历史的红山文化，属新石器时代晚期文化，在通辽地区主要分布在中南部。

红山压印"之"字纹陶器、红山彩陶、红山玉器等重要文物在通辽地区都曾大量出土。

从兴隆洼文化和红山文化遗址的整体分布上看，通辽地区属于兴隆洼文化、红山文化的北部边缘地带，并且在这

▲红山文化遗址出土的"之"字纹陶罐

些遗址中，还融入了来自周边其他氏族部落的文化因素。在史前时期，这里就是南北多种文化的汇聚地，来自东北和中原的多种文化因素，在这一地区经过相互碰撞、吸收、融汇发展，最终形成了独特的科尔沁史前文化。

2006年成功发现与发掘的南宝力皋吐史前遗址告诉我们：对科尔沁草原史前历史的认知也有一个不断深化的过程。我们有充分实物资料来证明：早在5000多年前，科尔沁草原就是我国古代北方先民生息繁衍的摇篮，是中国重要的历史舞台之一。在距今5000年以前的哈民茫哈聚落遗址，位于科左中旗舍伯吐镇东哈民艾勒嘎查（村）附近，时间上与红山文化时期相当，遗址规模大，居住址为圆形半地穴式。"哈民茫哈遗址"的发掘，证明通辽地区并存着两种不同的文化类型，一种是在南部以农耕为主、渔猎为辅的红山文化类型；一种是北部以渔猎采集为主的混合经济类型。距今4000～3500年的夏家店下层文化，是青铜时代的早期文化类型，库伦旗和奈曼旗是夏家店下层文化的重要分布区。

距今有2300～3000年时间的夏家店上层文化，一般认为是东胡族祖先创造的文化，

▲通辽市库伦旗出土的夏家店下层文化彩绘陶鬲

是一种半农半牧经济文化，是科尔沁地区向牧业经济过渡的重要时期。由于气候变化、马的驯化和外来游牧文化的传入，使先民们逐渐抛弃了祖传的已经习惯了的种植、采集业，向纯游牧经济的方向发展。这个时期生活在燕山以北包括科尔沁草原在内的居民——东胡人开始从事游动的牧业经济，使科尔沁草原正式进入游牧经济期。东胡人灭亡以后，其后裔乌恒、鲜卑、契丹、蒙古等民族，继承祖先的生活方式，一代代地过着游牧生活，使科尔沁草原成为了"游牧民族的摇篮"。由此可知，夏家店上层文化晚期，是我国北方游牧经济最终形成的时期，也是科尔沁草原开始正式进入游牧经济的时期。是东胡人掀开了科尔沁历史游牧经济的新篇章，使科尔沁草原进入了一个全新的时代——游牧经济时代。

品种演变

　　众多史前文化遗迹表明，生活在科尔沁草原上的先民们使用的生活和生产工具以石器为主，其中主要是用于掘土的打制的有肩石锄。很多房址中都放置着这种先进的生产工具，还有石铲、石斧、石锛、石磨盘、石磨棒和圆饼形石器等等。由石片嵌入骨柄凹槽的刮刀很有特色，是北方细石器工艺传统的产品。加工兽皮用的石刀和渔猎工具也比较多。骨器有锥、镖、针等，磨制都比较精良。在房址的居住面上，常常发现琢制的石磨盘和磨棒，有的房间里还出土了石杵。这些谷物加工工具，既可以加工农作物去壳脱粒，也可以用于加工采集的植物籽实。房址中发现较多的鹿角、狍骨和胡桃楸的果实硬壳，说明氏族营地附近广布森林，狩猎和采集经济仍占一定的比重。农业经济的发展水平与黄河流域的诸多新石器时代文化大体相当。

大约 3000 年前，通辽地区的古代居民已进入了奴隶社会。夏家店下层文化遗迹和生活器具证实，通辽土地上的第一代居民是东胡族和山戎族。春秋时，燕国在如今的河北省和辽宁省交界一带，就是现在通辽的中南部地区，为防御东胡人入侵，而修筑的燕长城遗迹，如今在奈曼旗、库伦旗境内仍清晰可辨。这证明最晚在春秋中叶，东胡人便已揭开了通辽古代文明的序幕。从东胡族开始，科尔沁草原开始进入了文字记载的古代文明时期。后来，东胡人为燕国所败北撤，秦王朝统一中国后，通辽的中南部地区属辽东郡与辽西郡管辖，便成了秦的一部分。

西汉初，匈奴主宰了包括通辽境内的大漠南北广大地区，继之而起的是被匈奴控制的东胡族的后裔鲜卑和乌恒族。汉武帝时，曾三次出兵匈奴后获胜，使通辽同内地的联系更为密切，大大促进了

▼哈民茫哈史前遗址出土的房址

这一地区生产力的发展和繁荣。东汉末年，鲜卑族首领檀石槐统一了鲜卑各部落，建立了部落军事联盟，包括大漠南北的广大地域，科尔沁草原亦属军事联盟的一部分。南北朝时期，在鲜卑人生活了近500年的科尔沁草原上，又兴起了新的民族契丹。契丹族自4世纪中叶，就游牧于西拉木伦河和老哈河流域。唐朝初年，形成部落联盟，受唐朝控制。在隋、唐之际，当时的整个通辽都在以契丹人为地方长官的中原王朝的统一控制下。各民族经济、文化等方面的相互交流的广度和深度，都大大超过以前任何时期，进入到一个新的发展阶段。到了辽代，通辽畜牧业已经十分发达。金王朝建立后，通辽行政上归北京路临潢府管辖。公元1206年，成吉思汗一统蒙古各部，建立蒙古帝国，通辽纳入了蒙古帝国的版图。到了元朝时期，通辽归辽阳行中书省大宁路管辖。

明朝统一蒙古高原后，通辽又属"三卫"所辖之地，大部分属"扶余卫"管辖。16世纪末，努尔哈赤称帝，改国号为"大金"，通辽基本上受大金所控制。到了清朝，改往日部落制为盟、旗制，清朝崇德元年（1636年）建哲里木盟。哲里木盟是首统盟，当时包括4部、10旗。后来清政府又先后在蒙古王公贵族的封地设厅、府、州、县的建制，哲里木盟基本上归长春、昌图、洮南三府管辖。清代，哲里木盟在政治、军事、经济上曾起过举足轻重的作用。清代国母孝庄文皇后，清末名将僧格林沁，民族英雄嘎达梅林等都出生在这块土地上。

清朝末年，人口压力骤增，关内流民大量移居关外。长期以来，科尔沁草原上的王公贵族之中滋长的奢靡之风，使得他们负债增

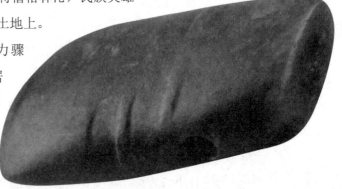

▲红山文化遗址出土的玉蝉

加。王爷们为偿还债务，将现有的土地出租或出售给关内农民耕种。1791 年，科尔沁草原开始了长达 120 年之久的放荒史，关内农作物和先进的农业生产技术也随之出现在草原上。1910 年，在叶大匡、春德所著的《调查科尔沁左翼后旗报告书》有这样的记载，"其境东南两部无不田畴相望，禾稼云连"，"他旗蒙民之无事耕作者，正以蒙汉异地而居，相互避拒"，"届秋之后，无户不仓箱满贮，其丰收景象与内地农家无异。"1912 年，"巴林爱新荒务局"局长黄仕福，为了方便巴林爱新荒开垦后产出的粮食有一个交易之所，并认为通辽地势高爽，没有水患，申请在此建城。1913 年 7 月，奉天政府民政厅给予批复。从此，"通辽"成为具有行政和法律意义的域名。

1912 年，中华民国成立以后，哲里木盟 10 旗归北洋政府蒙藏院管辖，同时，受东三省监督和节制。伪满洲国时期（1932～1945），哲里木盟先后改称兴安南分省、兴安南省、兴安南地区，分别隶属于兴安局、蒙政部、兴安总省。

1945～1949 年，哲里木盟先后改称哲里木省、哲里木盟，分别隶属于东蒙古人民自治政府、兴安省、辽西省、辽吉省、辽北省。1949 年 4 月，哲里木盟划归为内蒙古自治区。1953 年 3 月，哲里木盟建制撤销，所属各旗县市归内蒙古东部区行政公署管辖。1954 年 4 月，内蒙古东部区行政公署撤销，哲里木盟建制恢复，管辖范围与撤销前相同。1969 年 7 月，哲里木盟划归吉林省。1979 年 7 月，哲里木盟复归内蒙古自治区。

1999 年 10 月，撤销地级哲里木盟建制，成立地级通辽市。辖1 个市辖区（科尔沁区，人民政府所在地，全市政治、经济、文化的中心）、1 个开发区（通辽经济技术开发区）、1 个县（开鲁县）、5 个旗（库伦旗、奈曼旗、扎鲁特旗、科尔沁左翼中旗、科尔沁左翼后旗），代管 1 个县级市（霍林郭勒市）。2010 年，通辽总人口310 万，其中蒙古族 138 万，占中国蒙古族人口的 1/4，是中国、内蒙古自治区蒙古族人口最集中的地区。

通辽市，是内蒙古自治区东部和东北地区西部最大的交通枢纽城市，被自治区政府定位为省域副中心城市。通辽站是全国40个铁路重点枢纽站和14个编组大站之一。全国重要的交通枢纽有6条铁路交汇于此，4条国道公路贯穿境内。在经济区域上，通辽地处东北经济区和环渤海经济区，与东北和京津唐的经济联系比较紧密。

通辽土地肥沃，资源丰富。素有"内蒙古粮仓"和"中国黄牛之乡"的美誉，是国家重要的商品粮基地和畜牧业生产基地。主力煤田霍林河煤矿是中国五大露天煤矿之一和国家重点规划建设的13个大型煤炭基地之一。石油远景储量为8000亿千克左右，铁锌钨铜等金属矿藏10多处。801稀有稀土矿是特大型保护性矿床，总储量68亿千克，其储量和品种在国内乃至世界上都是绝无仅有的。天然硅砂的储量 $5.5×10^5$ 亿千克，居中国之首。

以时间为线，上溯8000年前的史前文化，下至生机勃勃的今日通辽，我们已经简洁地勾勒出一条清晰的脉络。亘古不变的大地，聆听着通辽人铿锵的脚步；多情的岁月，注视通辽日新月异的发展。回眸塞外明珠通辽的历史变迁，心中涌动的情愫也许不仅仅是对先民的怀念和对历史的慨叹，也包含着一种对中华文明绵延不绝的承载与接续。

⑭ 通辽玉米百年发展史

　　通辽地区的玉米种植历史起源于何时？通辽市玉米生产与研究的发展是怎样的？我们带着这样的疑问查阅了大量资料，访问当地从事玉米研究的学者和种田的老农，逐渐理清了通辽玉米的百年发展史。

　　通辽地区历史上曾是水草丰美的科尔沁大草原，蒙古民族世代逐水草而居，以游牧为生。通辽地区开荒种地的历史可追溯到1791年。清朝末年，关内人口骤增，为了生存，居民开始移民关外，玉米就有可能在那时传入科尔沁草原。目前，玉米在通辽地区种植的最早文献记载是，1910年叶大匡、春德所著的《调查科尔沁左翼后旗报告书》。

▼通辽玉米博物馆品种演变展区一角

▲清朝末年通辽地区农作物种植场景还原

061

通辽市农业科学研究院的玉米研究者根据生产应用品种与栽培水平,把通辽玉米百年发展历程分为八个阶段。

第一阶段:清朝末年～民国初年

至 1910 年,通辽地区农业兴盛景象与关内已无差别。在叶大匡、春德所著的《调查科尔沁左翼后旗报告书》中,曾有这样的记载"其境东南两部无不田畴相望,禾稼云连,凡高粱、秋麦、元豆、谷子、糜子、荞麦、玉黍、粳子、麻子、瓜子、芝麻、棉花、地豆、菜蔬无不随宜种植,收获极丰。"从这部分文字记载中可以看出,当时通辽地区农作物种类很多,玉米已有零星种植,品种为农家种,具体名称不详。

第二阶段:1910～1949 年,耐低温硬粒型早熟农家种应用阶段

此阶段中国社会处于战乱动荡时期,玉米生产发展缓慢。到 1949 年时,通辽地区玉米播种面积达到 7.7 万公顷,总产 5000 万千克,平均单产 668.25 千克 / 公顷(89.1 斤 / 亩。)

西辽河水灌溉着两岸农田,肥沃的土壤和充足的雨水成为农业生产的有利条件。此阶段种植的玉米品种是以"火苞米"、"金顶子"、

"小粒红"等为代表的耐低温、硬粒型早熟农家品种。

据生活在通辽市科尔沁区钱家店的一位80多岁的老人回忆，20世纪30年代，人们在春天用牛拉木犁开沟，人工点籽于沟内，用一种叫作"拉子"的农具来覆土，然后用石磙子来镇压，使种子与土壤紧密结合。那时候播种密度很小，5000株/公顷左右，不足现在播种密度的1/4，株距约为93厘米，行距60厘米。丰沛的降雨和众多的河流灌溉着农田，人们不需要打井进行灌溉。在整个玉米生长期内，基本不施肥，不打农药，用现在的标准来衡量，相当于有机生产。当秋季来临，每公顷可收获玉米750千克（100斤/亩）左右，这样的产量在现在是无法想象的。

第三阶段：1949～1961年，种植农家种为主的阶段

建国以后，通辽地区在农事试验站的基础上成立了哲里木盟农业科学研究所（通辽市农业科学研究院的前身），开展玉米研究。此阶段主要是进行农家种评选，并开展品种间杂交种选育研究。经过试验比较，农家种黄马牙比当地一般农家种增产20%～30%，受到群众欢迎。1952年把以黄马牙为代表的农家种，如白马牙、白头霜、大八趟、金皇后等，作为主推品种进行推广。1958年"大跃进"以后，玉米已成为通辽高产作物之一，播种面积不断增加，到1959年、1960年、1961年玉米播种面积分别占总耕地面积的17.6%、23.4%、26.3%，播种面积分别达到12.90万公顷、20.39万公顷、22.25万公顷。到1961年，玉米单产由1949年的668.25千克/公顷

▲ 20世纪50年代通辽地区春播场景

增长到 1387.5 千克/公顷，总产量达 3 亿千克。此阶段玉米播种面积、单产和总产的稳步上升，与解放后农民有了自己的土地，生产积极性提高，耕作精细也有一定关系。

第四阶段：1961～1972 年，双交种应用阶段

此阶段的特点是玉米播种面积增幅较小，而单产、总产提升较大。平均 1694.25 千克/公顷，较上一阶段单产提高 29.9%。总产量约为 3.7 亿千克。推广双交种和注重科学种田是此阶段单产、总产提升较大的重要原因。双交种是双杂交种的简称，由四个品种或自交系先两两配成单交种，再由两种单交种杂交而得的杂交组合。(A×B) F1×（C×D）F1 所得杂种即为双交种。双交种制种成本低，可提高制种田产量，缩小制种田面积。此阶段玉米代表品种有农大 4 号、农大 7 号、维尔 42、维尔 156、吉双 2 号、吉双 4 号、吉双 83 等。

▲ 1964 年通辽市农业科学研究院科研人员在田间测量玉米株高

第五阶段：1972～1983年，单交种推广阶段

1965年，我国玉米品种由双交种应用阶段进入到单交种应用阶段，全国各地农业科研院所相继育成并推广各类玉米单交种。20世纪70年代初，通辽地区开始推广玉米单交种，代表品种有吉单101、吉单103、哲单1号、哲单3号、桦单32、嫩单1等。此阶段玉米总播种面积、产量稳步增长，1983年总播种面积17.37万公顷，总产6亿千克。较上一阶段面积增长5.8%，总产增加35.9%。

这个时期的玉米种植，以便于大水漫灌的畦田式种植为主，农民开始修建水渠，灌溉成为通辽地区玉米生产上的重要一环，部分地区开始实行机械化播种。

▲ 20世纪70年代通辽地区大水漫灌的畦田式种植

第六阶段：1983～1997年，全面种植单交种阶段

在这个阶段，玉米生产发生了一次飞跃。玉米播种面积、单产、总产迅速上升成为此阶段的主要特征。1997年，通辽地区玉米每公顷产量达7500千克（亩产首次突破千斤），总产较上年翻两番，达到26.3亿千克，播种面积达到30.07万公顷。

黄莫417成为通辽玉米生产史上丰碑式的品种被人们铭记。两个品种进行杂交称为单交，单交只进行一次杂交，优势是简单易行，育种时间短，杂种后代群体的规模也相对较小。单交种黄莫417及配套模式化栽培技术的推广是促成飞跃的重要因素。

　　此阶段较上一阶段玉米播种面积增长16.2%，单产增长59.4%，总产增长67.3%。代表品种有黄莫417、中单2号、吉单180、哲单7、哲单32、哲单35、哲单36、四单8、四单19、掖单2、掖单4、西玉3等。由于气候干旱加剧，此阶段开始推广地下管灌等节水灌溉技术。

▲ 1984年10月通辽县丰田公社建新大队玉米大丰收

第七阶段：1997～2003年，大量单交种应用阶段

　　《中华人民共和国种子法》自2000年颁布实施，国家鼓励、支持单位、个人从事良种选育和开发，市场上玉米单交种品种丰富。1991年、2000年，通辽市农业科学研究院先后选育成功并推广蒙单5号和哲单20玉米新品种，通辽地区的玉米单产、总产稳步上升，播种面积也逐年增加。到2003年，通辽玉米播种面积37.37万公顷，平均 7387.5 千克/公顷，总产达 27.6 亿千克。与上一阶段相比，播种面积、单产及总产增长率分别为 18.2%，13.5% 和 26.8%。此阶段通辽黄玉米代表品种为蒙单 5、哲单 20 等，市场份额约占 70% ~ 80%。

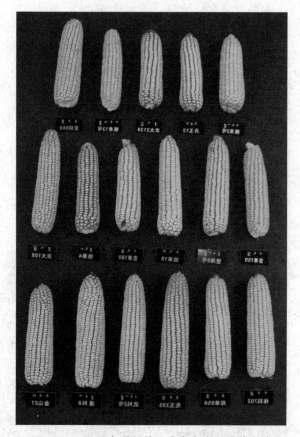

▲ 1997 ~ 2003 年通辽地区生产上应用的单交种

第八阶段：2003 年以来，高产耐密单交种应用阶段

种植高产耐密型单交种郑单 958 成为此阶段的重要特征。郑单 958 是河南省农学院堵纯信教授育成的新品种，适应性极广，成为全国主要推广的玉米品种。2007 年、2008 年连续两年，在中国的种植面积都超过 400 万公顷，占全国当年玉米播种面积的 30% 左右，全国累计推广 0.33 亿公顷。通辽地区也和国内其他地区一样，主要种植郑单 958。

通辽地区也育成了许多高产耐密型玉米单交种，代表品种通科 1、通科 5、金山 27、厚德 198、宏博 218、武科 2 号等几十个品种。

"通科 1 号"，是内蒙古通辽市农业科学研究院于 2004 年育成的，高产、耐密植，产量达 11250 ～ 12000 千克 / 公顷，高产地块可达 13500 千克 / 公顷以上，是内蒙古第一个通过国家审定的玉米杂交种。截至 2013 年，累计推广 66.67 万公顷以上。

▲通辽市农业科学研究院玉米新品种展示田

通辽玉米百年发展史也是通辽玉米品种的百年演变史、耕作技术的百年革新史，它历尽沧桑，却依然欣欣向荣。100 多年来，玉米完成了从农家品种到杂交种的演变，生产方式也由传统粗放的生产转变为现代的精耕细作，从最初的零星种植发展成为当地的"铁杆庄稼"，直至成为现在通辽市的主导产业之一，玉米对于通辽未来的发展至关重要。在玉米科学家们的努力下，更多优良新品种将会应运而生，更先进的集成技术将会应用于生产。

15 通辽玉米种质资源

2000 年，美国种子巨头孟山都公司向全球，包括中国在内的 101 个国家，申请一项有关高产大豆及其栽培、检测的国际专利。这项专利源自对中国的一种野生大豆品种的检测和分析，他们在这个品种中发现控制大豆高产性状密切相关的基因"标记"，以此为亲本，培育出含有该"标记"的大豆品种，并提出 64 项专利保护请求。这个举动无疑给了中国遗传育种界的专家们一记警醒的"勾拳"。利用一粒中国大豆申请 64 项国际专利，从而掌控市场。事实虽然残酷，道理却显而易见。谁占有种质资源，谁就占有育种的主动权；谁掌握了新品种，谁就掌握了市场。

那么，什么是种质资源？种质资源真的那么重要吗？种质是遗传育种领域里一个重要的概念，它是指决定生物"种性"（遗传性）的遗传物质的总体，即和生物性状相关的各种基因。携带有不同种质（基因）的各种栽培植物和野生植物，统称为植物种质资源。种质资源库是培育一切新品种的源头。包括植物在内的生物种质资源，是自然资源的组成部分，是人类赖以生存的最根本生物资源。保护种质资源就是保护人类自己。种质资源，已被世界各国及有关国际组织公认为是国家的重要战略资源，是国家主权的组成部分。

如果说育种家是"巧妇"，那么种质资源就是"米"，缺乏种质资源、没有可利用的优秀基因，即使育种家的技术手段再先进，也只能是无米之炊。重大育种突破的关键在于对优良种质资源的发掘和利用。

早在 7000 ～ 8000 年前，生活在美洲大陆上的印第安人就已经培育出了 200 多种不同类型的玉米，他们以玉米为食，繁衍生息。今天，玉米已经成为世界第一大粮食作物，世界各地的育种家们培育出许多高产优质的新品种供生产应用，服务人们的生活。

玉米传入我国已经有 500 多年的历史，在我国特殊复杂的生态环境条件下，经过栽培驯化和人工选择，形成了多种多样生态适应型的地方品种。比如北方春玉米区的"火苞米"、"金顶子"，北方夏玉米区的"野鸡红"、"小粒红"，东南玉米区的"小金黄"、"满堂金"，西南玉米区的"大子黄"、"南光秋子"等。

育种家们在玉米种质资源利用过程中发现，某些品种和群体的遗传种质要明显优于其他一些品种和群体，从中选出优良自交系及杂交种的几率高，因此就形成了生产上应用过的杂交种及自交系来源的遗传种质相对集中的状况。由于在不同时期引入的种质不同，我国玉米主要种质也发生着相应的变化。我国玉米杂交种的种质基础主要由 7 个来源系统组成，即"兰卡斯特"系统、"瑞德"系统、"唐四平头"系统、"旅大红骨"系统、"获嘉白马牙"系统、"金皇后"系统和其他系统。

通辽市现有玉米种质资源 5000 余份，包括农家种、兰卡斯特、瑞德、唐四平头、旅大红骨、P 群等血缘材料。另外，还有糯玉米、甜玉米等特用玉米资源。通辽的玉米育种家们，从 20 世纪 50 年代开始，广泛收集、整理和利用玉米种质资源，培育出一批批优良的双交种、三交种和单交种不断助推玉米产业发展。如 1977 年选配的中晚熟杂交种黄莫 417 产量达 7500 千克／公顷以上，最高产达 13500 千克／公顷，是当时通辽地区最著名的品种。至 1998 年底，通辽市累计推广 333.3 万公顷，增产粮食约 25 亿千克。1997 年审定的中晚熟高淀粉杂交种蒙单 5，产量为 12000 千克／公顷以上，至 2004 年通辽地区累计推广 80 万公顷，当时市场占有率曾达到 20%。2003 年，以蒙单 5 为代表的"通辽黄玉米"获得国家原产地标记注册认证。2004 年审定的中早熟杂交种通科 1 号，产量为 12000 千克／公顷，至今仍有大面积种植，它是内蒙古自治区第一个国审玉米品种。

▲通辽市现有的 7 类玉米种质资源

一粒种子可以改变世界。玉米种质资源的发掘与利用关系到玉米产业的发展和国家的兴盛。如何有效地搜集、整理、鉴定与保存种质资源，这是各国育种家都在关注的课题。

斯瓦尔巴全球种子库

"斯瓦尔巴全球种子库"，是全球最大的种子保存库，它是一条深达 400 英尺（约 122 米）的隧道。于 2008 年 2 月 26 日建立，位于距北极点约 1000 千米的挪威斯瓦尔巴群岛的一处山洞中，不受气温变化的影响，并高于海平面 130 米左右，即便格陵兰的冰盖融化，或者南极洲的冰层完全消融，它也会安然无恙。

这座种子库可存储种子 22.5 亿颗，它将保存全球已知的所有农作物种子。有 3 间并排的独立冷藏室，每个冷藏室约 270 平方米，可存放 150 万个样本容器，3 个冷藏库将容纳大约 450 万个编有条形码的植物种子样品。种子的贮存温度保持在零下 18℃。用来包裹种子的是银色的"劳斯莱斯种子袋"，它由特殊金属箔片和其他先进材料制成，可以让种子在干燥和冷冻的状态下长久保存。

建立斯瓦尔巴全球种子库，目的是保证世界农作物的多样性，在地球遭遇核子战争、自然灾害或气候变化等灾难后，人类还能重新播种。它被形象地称为"末日粮仓"，是确保全球粮食安全的最后一道防线。

中国作物种质资源的保存

中国农作物种质资源数据库是世界上最大的种质信息系统之一，拥有约 300 种作物、42 万余份种质信息。这套系统还包括国家作物种质库管理、青海复份库管理、国家种质圃管理、中期库管理、农作物特性评价鉴定、优异资源综合评价和国内外种质交换 7 个子系统，近 700 个数据库，其中大部分的数据可以通过中国作物种质资源信息网查询到。

我国作物种质资源保存有种质库保存、种质圃保存、离体保存和原生境保存等多种方式。

种质库保存 我国国家种质库长期保存了大豆（含野生大豆）、粟、荞麦、黍稷、小豆、大白菜、南瓜等 180 种作物的 37.7 万份种质。贮存在国家种质库长达 20 余年的作物种质，未发现生活力丧失的状况。科学家们还致力于研究解决种质入库关键技术，确保入库种质安全贮存，例如研究解决了在国内外种子检验规程上属空白的 60 余种作物种子的发芽检测方法。其中，首次创立了液态氮处理难发芽种子技术，解决了野生大豆等 6 种种子生活力的快速检测难题；研究提出了不同作物最适宜的干燥温度、时间，以及干燥后种子的包装条件；建立了"双 15"种子干燥系统（温度 15℃，相对湿度 15%），使我国成为目前采用这一技术的极少数国家之一。

种质圃保存 多年生和无性繁殖作物种质资源不能用种子繁殖，需要建立种质圃进行田间保存。目前我国已建立 41 个国家种质圃，保存种质材料达 5 万余份。

离体保存 我国建成 2 座国家试管苗种质库，保存甘薯 1400 份，马铃薯 900 份。中国农业科学院将粮食、蔬菜、花卉和药材等 21 份材料的种子，贮藏在零下 196℃的液态氮中，然后解冻至常温后在田间种植，发芽力表现正常。

原生境保存 我国共有 169 处原生境保护点，包括江西东乡野生稻、广东高州野生稻、云南元江野生稻、广西玉林野生稻、山东东营野生大豆、安徽五河野生大豆、湖北宜昌野生大豆、陕西华山新麦草、青海海晏小麦野生近缘植物、辽宁葫芦岛珊瑚菜等。

⑯ 通辽黄玉米

玉米传入通辽已经有 200 年的历史。温暖的大陆性气候，造就了通辽玉米的优良品质。籽粒饱满，色泽金黄，淀粉含量达到 70% 以上，深受诸多玉米加工企业的青睐。2003 年，"通辽黄玉米"获得国家质检总局颁发的原产地标记注册认证，成为通辽市的第一张农产品"名片儿"远销海内外。"通辽黄玉米"为什么经久不衰，还成为国家知名品牌？这就要从土壤、气候、水资源和技术种植方面来考量。

首先，位于西辽河冲积平原上的科尔沁左翼中旗、开鲁县、科尔沁区是通辽玉米主产区，这里的土壤以黑土和黑五花土为主，土质肥沃，地势平坦，为玉米的生长提供了良好的土壤条件，保证了"通辽黄玉米"的连年高产。

其次，通辽市地处黄金玉米带上，春季干燥多风，夏季温暖，降水集中，秋季凉爽，冬季寒冷。全市年太阳辐射总量 5013.14 ～ 5057.70 兆焦 / 平方米，自东向西递增。年有效积温 2800 ～ 3200℃，无霜期 100 ～ 150 天，可满足玉米生长对热量的需求。年降水量 350 ～ 450 毫米，降雨多集中在 6、7、8 月农作物生长盛期。在玉米乳熟期以后，晴朗干燥多风的天气，加之昼夜温差大，使得玉米籽粒成熟早，脱水快，籽粒干物质积累多，这是"通辽黄玉米"高产、优质的又一个原因。

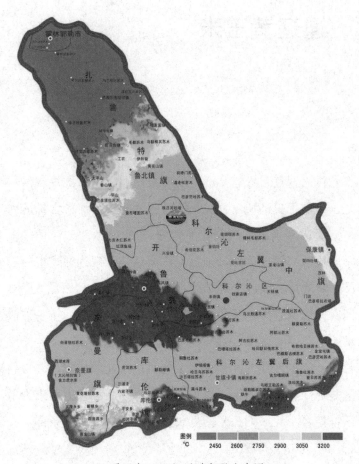

▲通辽市≥10℃活动积温分布图

　　第三，通辽地区的工业企业布局相对分散，地下水和空气基本没有受到污染。通辽地区灌溉所用的水以地下水为主，地下水水层深厚又纯净，保证了玉米的优良品质。

　　第四，长期以来，人们就注重对玉米的良种选育和科学种植。随着高产栽培技术的推广，"通辽黄玉米"的产量和品质也不断提高。如膜下滴灌技术，不仅节水，还能使玉米植株根系更有效地利用水分。前氮后移技术，则是根据植株不同生长时期需肥规律进行合理施肥，保证了植株对肥料的有效利用。此外，还有宽窄行覆膜增密技术、秋整地技术、病虫害综合防治技术等。

2005年2月至11月，"通辽黄玉米"在韩国、日本出现了供不应求的局面。2007年前后，"通辽黄玉米"年平均销售量在20亿千克以上，出口到日本、韩国、俄罗斯、东南亚、西亚等国家和地区，在国际市场具有良好的声誉和竞争力。曾作为原粮出口创汇的"通辽黄玉米"，为通辽的经济发展做出了巨大贡献，玉米产业成为通辽地区的支柱产业。

随着深加工业的发展，"通辽黄玉米"更多的价值被人们不断开发出来。昔日用作原粮出口的"通辽黄玉米"，今天已经转变为重要的加工原料。在发展玉米生物产业战略的引领下，以梅花味精为首的通辽玉米深加工产业集群逐渐形成。玉米产业链条不断延长，产业技术层次不断提升。初加工产品淀粉和乙醇经过深加工后，转变成了附加值较高的氨基酸、淀粉糖、聚乳酸、抗生素等产品，被应用到食品、建筑、医药、造纸等诸多领域。通辽市正在聚焦优势产业集群，打造国家重要的玉米生物产业基地和世界最大的小氨基酸生产基地，实现大玉米经济向新兴产业的跨越，大农区向工业化的跨越。

品种演变

▼ 20世纪初通辽粮库储存原粮

在"十二五"期间规划建设完成的 800 万亩旱涝保收、高产节水农田上，新品种及配套高产高效栽培技术的应用，使得"通辽黄玉米"的生产过程变得更轻简、更富有效率，源源不断地为加工业提供着充足优质的原料。2011 年，通辽市委、政府紧紧抓住"通辽黄玉米"这个重要资源谋篇布局，实施玉米战略。

走进通辽玉米博物馆
THE TONGLIAO CORN MUSEUM

17 通辽玉米科技成果

在通辽市平坦广袤的 6 万平方千米大地上，玉米的播种面积达到了 120 万公顷，占全市耕地面积的 80% 以上，玉米产业成为通辽市的支柱产业之一。2013 年，通辽市被评为全国 100 亿斤粮食地级市之一。玉米从最初的救荒作物，发展成为通辽地区的"铁杆庄稼"，这自然与其本身所具有的广泛适应性、高产性相关，但更离不开通辽玉米科技发展的支撑。

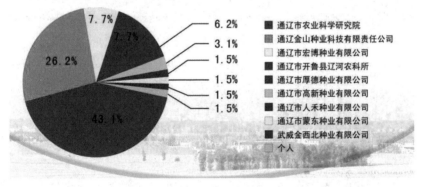

6.2%　通辽市农业科研究院
3.1%　通辽金山种业科技有限责任公司
1.5%　通辽市宏博种业有限公司
1.5%　通辽市开鲁县辽河农科所
1.5%　通辽市厚德种业有限公司
1.5%　通辽市高新种业有限公司
1.5%　通辽市人禾种业有限公司
　　　通辽市蒙东种业有限公司
　　　武威金西北种业有限公司
　　　个人

7.7%　7.7%　26.2%　43.1%

▲通辽地区各育种单位选育玉米品种数量比例（1973～2013 年）

新中国成立之后，通辽地区农业科研推广机构相继建立。从事玉米研究推广的单位有：通辽市农业科学研究院、通辽市农业技术推广站、通辽市土壤肥料技术工作站、通辽市植物保护工作站、通辽市种子管理站和各级种子公司等单位。20 世纪 50～60 年代主要开展地方优良品种的整理和推广，代表品种有黄马牙和金皇后等，后来逐渐开始了杂交选育研究与推广。据统计，从 1980～2013 年，在玉米品种选育和栽培研究上共获得各级奖励 52 项，相继有 60 余个品种通过审定并应用于生产。科技的进步，实现了通辽地区玉米生产上的 5 次品种更换，栽培水平也日益进步。玉米播种面积由 1949 年的 6.67 万公顷增加到 120 万公顷，平均每公顷产量由建国初年的 750 多千克增加到 7500 千克，总产达到 50 亿千克。

这些科研成果就像是一座座丰碑，矗立在通辽大地上，同时也激励着后继通辽玉米人。

通辽市育成玉米品种一览表（1980～2013年）

序号	品种名称	审定年份、编号	亲本组合	选育单位（或个人）
1	哲单 4 号	1980 年哲盟农业局、哲盟农学会鉴定	哲黄 5× 海 7	通辽市农科院
2	哲双 7 号	1980 年哲盟农业局、哲盟农学会鉴定	哲黄 /5 门 ×14 曲 43× 铁 133	通辽市农科院
3	桦单 32	1980 年哲盟农业局、哲盟农学会鉴定	维尔 44× 桦 94	通辽市农科院
4	嫩单 1 号	1980 年哲盟农业局、哲盟农学会鉴定	维尔 44× 大黄 46	通辽市农科院
5	黄莫 417	1984 年内蒙古农作物品种审定委员会审定	黄早 4× 莫 17	通辽市农科院
6	哲单 7 号	1992 年内蒙古农作物品种审定委员会审定	3081×Mo17	通辽市农科院
7	哲单 14 号	1997 年内蒙古农作物品种审定委员会审定	哲 773-1×7922	通辽市农科院
8	哲单 35 号	1997 年内蒙古农作物品种审定委员会审定	917×143	通辽市农科院
9	哲单 37 号	1997 年内蒙农作物品种审定委员会审定	合 344×461	通辽市农科院
10	哲单 36 号	1999 年内蒙古农作物品种审定委员会审定	461×Mo17	通辽市农科院
11	哲单 20	2000 年内蒙古农作物品种审定委员会审定	7922×773-2G	通辽市农科院
12	哲单 38	2000 年内蒙古农作物品种审定委员会审定	391×Mo17	通辽市农科院

序号	品种名称	审定年份、编号	亲本组合	选育单位（或个人）
13	哲单 39	2000 年内蒙古农作物品种审定委员会审定	917× 黑系 2	通辽市农科院
14	哲单 21	蒙审玉 2002005 号	1208×7922	通辽市农科院
15	哲单 33	蒙审玉 2002006 号	918×461	通辽市农科院
16	哲单 40	蒙审玉 2002007 号	4614×712	通辽市农科院
17	通玉 103	蒙审玉 2003011 号	5492× 通 7307	通辽市农科院
18	通科 1	国审玉 2004002 号	通 9137×391	通辽市农科院
19	通科 4	蒙审玉 2004023 号	通 9137× 哲 6	通辽市农科院
20	通科 5	蒙审玉 2004024 号	通 9137× 哲 7307	通辽市农科院
21	通科 3	蒙审玉 2005020 号	972×853	通辽市农科院
22	通科 6	蒙审玉 2005011 号	D387×7307	通辽市农科院
23	通科 8	蒙审玉 2006014 号	7922× 通 0118	通辽市农科院
24	通平 1	蒙审玉 2012012 号	通自 097× 通引 04	通辽市农科院
25	通平 118	蒙审玉 2013007 号	通引 6WC× 通自 051	通辽市农科院
26	金山 1	蒙审玉 2002008 号	2433× 金 2004	通辽市金山种子公司
27	金山 2	蒙审玉 2002009 号	2433×99-4	通辽市金山种子公司
28	金山 6	蒙审玉 2004018 号	7922× 金自 105	通辽市金山种子公司
29	金山 7	蒙审玉 2004019 号	金自 1015× 金自 2004	通辽市金山种子公司
30	金山 8	蒙审玉 2004020 号	金自 103× 吉 853	通辽市金山种子公司
31	金山 9	蒙审玉 2006009 号	金自 113× 丹 340	通辽市金山种子公司
32	金山 10	蒙审玉 2006006 号	金自 1013× 新 444	通辽市金山种子公司

品种演变

079

序号	品种名称	审定年份、编号	亲本组合	选育单位（或个人）
33	金山 12	蒙审玉 2004017 号	金自 101× 克 4	通辽市金山种子公司
34	金山 15	蒙审玉 2005014 号	金自 111× 昌七 -2	通辽市金山种子公司
35	金山 16	蒙审玉 2005015 号	金自 112× 金自 1020	通辽市金山种子公司
36	金山 20	蒙审玉 2007018 号	754×G4	通辽市金山种子公司
37	金山 22	蒙审玉 2008006 号	扎 917×M2	通辽市金山种子公司
38	金山 27	国审玉 2011004 号	金自 L610× 昌 7-2	通辽市金山种子公司
39	金山 28	蒙审玉 2009016 号	金自 113× 金自 839	通辽市金山种子公司
40	金山 33	蒙审玉 2010024 号	7857× 新 444	通辽市金山种子公司
41	金山 126	蒙审玉 2012008 号	金 568×JS621	通辽市金山种子公司
42	金油 2 号	蒙审玉 2005013 号	Gy246-1× 金自 1010	通辽市金山种子公司
43	宏博 18	蒙审玉 2010032 号	HX041×Lx9801	武威金西北种业有限公司
44	宏博 218	蒙审玉 2007013 号	HX1089×HX2205	通辽市宏博种业科技有限责任公司
45	宏博 778	蒙审玉 2011011 号	B1708×H1864	通辽市宏博种业科技有限责任公司
46	宏博 1088	蒙审玉 2008013 号	K 自 46×K 自 B4	通辽市宏博种业科技有限责任公司
47	宏博 2160	蒙认饲 2011002 号	B1709×H1864B	通辽市宏博种业科技有限责任公司
48	布鲁克 2 号	蒙审玉 2005010 号	H1864×B1701	通辽市宏博种业科技有限责任公司

序号	品种名称	审定年份、编号	亲本组合	选育单位（或个人）
49	高新 3	蒙审玉 2006004 号	9046×G051	通辽市高新农业开发有限公司
50	宝丰 10	蒙审玉 2011015 号	W5803×G253	通辽市高新农业开发有限公司
51	北优 2	蒙审玉 2006012 号	B1781×B028	胡海芸、张群、高希芳
52	人禾 698	蒙审玉 2011012 号	R006× 昌 7-2	通辽市人禾种业有限公司
53	厚德 198	蒙审玉 2008030 号	H9037×H7214	通辽市厚德种业有限责任公司
54	厚德 203	蒙审玉 2010038 号	182×3-2	通辽市厚德种业有限责任公司
55	厚德 405	蒙审玉 2010010 号	H874×H514	通辽市厚德种业有限责任公司
56	厚德 501	蒙审玉 2010005 号	H123× 合 344	通辽市厚德种业有限责任公司
57	辽河 1	蒙审玉 2004025 号	升 4201×C8605-2	通辽市开鲁县辽河农业科研所
58	辽河 4	蒙审玉 2004021 号	C8605-2× 升 4005	通辽市开鲁县辽河农业科研所
59	辽河 101	蒙审玉 2004022 号	升 1708× 丹 340	通辽市开鲁县辽河农业科研所
60	辽河 518	蒙审玉 2008011 号	L3110×L3163	通辽市开鲁县辽河农业科研所
61	禾玉 158	蒙审玉 2013003 号	B0128×B0049	通辽市开鲁县辽河农业科研所
62	蒙东 18	蒙审玉 2007017 号	金自 115× 丹 340	通辽蒙东种业有限公司

品种演变

获奖成果一览表（1978～2012 年）

序号	项目名称	奖励类别、年度	获奖单位
1	玉米杂交种哲单 1 号	吉林省科学大会奖（1978）	农科院
2	玉米杂交种哲单 3 号	内蒙古自治区科技三等奖（1980）	农科院
3	玉米杂交种哲单 4 号	哲盟公署科技一等奖（1981）	农科院
4	石油助长剂在小麦、玉米花药培养中应用	内蒙古自治区科技四等奖（1980）	农科院
5	石油助长剂在小麦、玉米花药培养中应用	哲盟公署科技三等奖（1981）	农科院
6	玉米杂交种哲单 5 号	内蒙古自治区农业厅农业科技四等奖（1981）	农科院
7	玉米田间试验测产方法	内蒙古自治区农业厅农业科技四等奖（1981）	农科院
8	玉米氮磷配合比例	内蒙古自治区农业厅农业科技四等奖（1981）	农科院
9	麦米、油米隔畦间作高产栽培技术	哲盟公署科技三等奖（1981）	农科院
10	玉米自交系哲黄 5 号	哲盟公署科技一等奖（1981）	农科院
11	玉米自交系哲黄 6 号	内蒙古自治区科技三等奖（1982）	农科院
12	玉米杂交种哲三 1 号	哲盟公署科技二等奖（1981）	农科院
13	玉米杂交种哲三 2 号	内蒙古自治区科技三等奖（1982）	农科院
14	玉米杂交种吉单 101 繁殖与推广	内蒙古自治区 技术进步二等奖（1985）	农科院
15	玉米杂交种黄莫 417	内蒙古自治区 技术进步二等奖（1986）	农科院
16	玉米杂交种黄莫 417 开发	哲盟公署技术进步一等奖（1986）	农科院
17	杂交玉米综合增产技术推广	农业部丰收计划三等奖（1990）	农科院
18	春玉米高产优化栽培生理基础及决策支持系统的研究	内蒙古自治区科技进步二等奖（1998）	农科院
19	玉米高产抗病优质杂交种选育	哲盟科技进步二等奖（1998）	农科院
20	玉米杂交种蒙单 5（哲单 14）选育	内蒙古自治区科技进步三等奖（2001）	农科院

序号	项目名称	奖励类别、年度	获奖单位
21	玉米杂交种蒙单5（哲单15）选育	通辽市科技进步一等奖（2002）	农科院
22	中国作物种质资源收集保存评价与利用	国家科技进步一等奖（2003）	农科院
23	主要作物良种选育及产业化技术开发（玉米杂交种选育）哲单20、21、38、39	通辽市科技进步一等奖（2003）	农科院
24	哲单号玉米新品种（哲单20、21、38、39）及高效种植技术示范推广	内蒙古自治区农牧渔业丰收二等奖（2007）	农科院
25	农作物种子工程玉米高产优质杂交种选育	通辽市科技进步一等奖（2007）	农科院
26	玉米高产优质杂交种选育	内蒙古自治区政府科技进步二等奖（2009）	农科院
27	国审玉米杂交种通科1号的选育	通辽市人民政府科技进步一等奖（2010）	农科院
28	玉米螟为主的主要病虫害综合防治	内蒙古自治区丰收奖农牧业丰收二等奖（1999）	植保站
29	玉米螟综合防治	内蒙古自治区农业厅农业科技承包三等奖（2000）	植保站
30	内蒙古地区玉米螟发生规律与绿色防控技术的研究与推广	内蒙古自治区丰收奖农牧业丰收一等奖（2010）	植保站
31	杂交玉米种子质量控制技术及推广	全国农牧渔业丰收二等奖（2003）	种子站
32	农作物新品种展示示范	内蒙古自治区种子管理站农作物新品种展示示范三等奖（2007）	种子站
33	玉米增密增效技术推广	内蒙古自治区农牧业丰收奖（2009）	种子站
34	化肥深施技术推广	哲里木盟科技进步一等奖（1999）	土肥站
35	百万亩旱作基本田建设与旱作适用综合增产技术推广应用	全国农牧渔业丰收奖一等奖（1999）	土肥站
36	内蒙古平原灌区优质高产春玉米产量与品质形成规律及综合配套技术研究	内蒙古科技进步奖二等奖（2002）	土肥站

序号	项目名称	奖励类别、年度	获奖单位
37	通辽市测土配方施肥技术研究与推广	内蒙古自治区农牧业丰收奖二等奖（2011）	土肥站
38	玉米杂交种"吉单101"的繁育推广	内蒙古自治区人民政府颁发的二等奖（1985）	推广站
39	玉米大面积高产稳产综合栽培技术开发试验	内蒙古自治区人民政府颁发的二等奖（1988）	推广站
40	玉米高产栽培模式推广"	哲里木盟行政公署颁发的一等奖（1988）	推广站
41	玉米高产栽培模式推广"	内蒙古自治区人民政府颁发的一等奖（1989）	推广站
42	哲盟杂交玉米综合增产技术推广	中华人民共和国农业部颁发的二等奖（1992）	推广站
43	玉米小麦间作综合增产技术推广	内蒙古农牧业丰收计划评审委员会颁发的一等奖（1993）	推广站
44	哲里木盟寒地玉米栽培技术推广	内蒙古农牧业丰收计划评审委员会颁发的三等奖（1993）	推广站
45	内蒙古平原灌区优质高效吨粮田技术开发	中华人民共和国农业部颁发的二等奖（1996）	推广站
46	旱地玉米马铃薯地膜覆盖栽培技术推广	内蒙古农牧业丰收计划评审委员会颁发的一等奖（1999）	推广站
47	内蒙古旱地玉米、马铃薯地膜覆盖栽培技术推广	内蒙古自治区人民政府颁发的二等奖（2000）	推广站
48	西辽河流域优质饲用农作物种植及利用技术	内蒙古农牧业丰收计划评审委员会颁发的一等奖（2004）	推广站
49	优质饲用农作物种植技术研究与推广	通辽市人民政府颁发的三等奖（2006）	推广站
50	百万亩旱作节水农业技术推广	内蒙古农牧业丰收计划评审委员会颁发的一等奖（2009）	推广站
51	百万亩玉米良种良法集成配套技术推广	内蒙古农牧业丰收计划评审委员会颁发的一等奖（2010）	推广站
52	百万亩玉米大小垄科技高产节本全程机械化生产技术推广应用	内蒙古农牧业丰收计划评审委员会颁发的二等奖（2012）	推广站

⑱ 为杂交玉米做出贡献的人

杂交玉米的培育和应用是世界玉米生产上的一次革命，促使玉米产量大幅度的增长。当人们追溯 20 世纪以来杂交玉米获得的巨大成就时，就会发现现代科学理论，特别是遗传理论的产生与发展，使人类进入了一个能够控制植物生长发育和创造新物种的时代。这里介绍几位为杂交玉米优势理论奠基的著名科学家。他们是：达尔文、孟德尔和摩尔根。

达尔文创立生物进化论

达尔文（1809～1882），是英国生物学家、进化论的奠基人。出生在英国西南部希鲁兹伯里城一个富裕之家，8 岁时进入希特勒学校。1831 年，22 岁的达尔文通过神学院毕业考试，在即将成为牧师的时候，著名植物学教授亨斯罗，推荐他参加英国海军部主持的规模庞大的环球博物考察。这次环球考察改变了达尔文的人生航向，也奠定了达尔文事业的基础。后来他在回忆记录中写到："贝格尔舰航行是我一生中极为重大的一件事，它决定了我此后的全部事业和道路。"

为期五年的环球考察，有三件事对达尔文进化论观点的形成有深刻的影响。第一件事是当他乘船沿美洲大陆向南行驶时，看到整个美洲同类动物之间的联系非常密切，而又有更替和变化，每种生物又是那样和谐地适应环境；第二件事是他发现南美洲一种年代久远的动物化石和现代生存的犰狳惊人的相似；第三件事是当贝格尔舰航行到加拉帕斯群岛时，他发现个别岛屿上的生物和今天大陆上生物的区别和相似。这些现象促使达尔文思索并领悟到，过去为人们所接受的不变的"神创论"与这些现象是相互矛盾的。

环球考察之后，达尔文经过 14 年的研究和写作，于 1859 年，发表了他的震惊世界的巨著《物种起源》，以极其丰富的材料论证了生物进化，第一次把生物学放在完全科学的基础之上。

后来，达尔文进而研究植物杂交和自交以及选择的作用。他设计了许多试验，选用的许多植物涉及 30 个科、52 个属、57 个种，及其种的变种和品系。由于玉米是单性花同株异位，所以达尔文也选它作为试验材料。1876 年，达尔文将研究结果编入《植物界杂交和自交的影响》书中。这是世界上第一例玉米异交和自交试验报告。这个试验虽然很简单也很不完整，但它是星星之火，对后来玉米科学研究和杂交育种工作产生了深远的影响。

达尔文进一步分析：异花授粉植株不论竞争如何，它们都比自花授粉植株具有更强的遗传优势；无论是分别种植或是一起种植，这种遗传上的优势都会表现出来。达尔文的结论是"异花授粉是有利的，自花授粉是有害的"。

孟德尔揭示遗传之谜

孟德尔（1822～1884），是遗传学的奠基人，被誉为现代遗传学之父。出生在奥地利海恩塞斯的一个农民家庭。家境贫寒，衣食窘迫，幼年多次辍学，后来依靠课余时间做家庭教师糊口才勉强读完高中。1843年，进入布隆镇奥古斯丁修道院，成为一名见习修道士，道名叫格雷尔。

1851～1853年，孟德尔又进入维也纳大学学习生物学、植物学、动物学和化学方面的课程，奠定了他从事自然科学研究的理论基础。豌豆杂交试验是1856年在修道院的小花园里进行的。选择豌豆为材料的原因是：豌豆是自花授粉作物，开花期短，杂交、自交都很容易受到保护；不同豌豆品种具有稳定的可以区分的性状，便于识别和观察；杂交后代繁殖力强，生育旺盛，便于统计和分析；豌豆是一年生作物，生育期短，从种到收就能完成一个生育周期。

孟德尔爱好统计学和园艺学。他应用统计分析方法，对豌豆后代进行了详尽的统计和演示，最后把豌豆杂交试验结果概括为两个定律：第一叫遗传因子自由分离定律。第二叫遗传因子自由组合定律。后人把孟德尔发现的豌豆杂交后代数量上的比例关系，称之为豌豆定律，或孟德尔遗传定律。

1865年2月8日，这是一个划时代的日子，也是孟德尔心情激动的日子。他夜以继日辛勤8年所获得的科学报告——植物杂交试验，在布隆镇每年一度的自然科学协会报告会上宣读了。但是，令孟德尔大失所望，与会者没有任何的激动和热情，甚至没有反应，很可能根本就没有听懂。看来，听众对连篇累牍的数字和繁琐枯燥的论证毫无兴趣。这篇论文后来刊登在《布隆自然科学研究会会报》上。会议记录上写着：没有提出疑问，也没有进行讨论。

孟德尔及其研究成果是在他逝世16年后才闻名于世的。1900年，有三位科学家在科学的交叉点上相遇，他们虽然素昧平生，但却不约而同地分别发现了与孟德尔试验几乎完全相同的支配生物性状遗传的规律。这三位科学家谁也没有把在遗传学上的新发现归功自己，而是共同真诚地决定，他们的研究是孟德尔重要发现的新证据。孟德尔时代终于到来。他发现的生物遗传定律屡次被证实，公认为具有普遍应用价值的生物学基本原理，它的重要意义在于为指导动物和植物育种研究奠定了基础。

摩尔根建立基因学说

摩尔根（1866～1945）是继孟德尔之后20世纪初期美国著名的遗传学家、进化生物学家和胚胎学家，现代实验生物学奠基人。他一生从事生物学研究，包括胚胎学、性别决定、进化论和遗传学等。1933年，以其在遗传学方面举世瞩目的成就荣获诺贝尔医学和生理奖，他的成就和威望使他长期担任美国博物学会主席、美国科学院主席等职务。

摩尔根最有成效的果蝇研究工作是从1909年开始的，他和他的助手用果蝇进行了大量的杂交试验。摩尔根在大量杂交试验的基础上，发现了一种非常重要的伴性遗传现象，即某种性状常常伴随着某种性别出现。后来，摩尔根及其助手又以实验进一步证明，在同一条染色体上的某些基因往往连锁在一起，凡是相互连锁在一起的基因作为一个整体一起遗传给下一代。

1926年，摩尔根出版《基因论》一书。这是他花费十几年的时间所取得的科研成果。摩尔根发展了前人的遗传理论，创立了新的染色体——基因遗传学说。这个理论把孟德尔创立的遗传定律所用的抽象概念，变成了可以看到的、在染色体上占有一定空间的物质实体，表明生物遗传是由遗传基本单位——基因发生作用。在遗传传递中，基因的表述完全符合分离定律、自由组合定律和连锁交换定律，这三个定律后来成为经典遗传学的三大定律，促进了遗传学向前发展，摩尔根的基因学说成为经典遗传学向分子遗传学过渡的桥梁。

国外玉米人物

玉米带的农民育种家——瑞德、克鲁格、海西。

瑞德玉米

瑞德一家原来居住在美国东南部俄亥俄州的辛辛那提，世代务农。1846年举家迁移至伊利诺斯州的皮奥里亚县，并在那里购置了一个农场。

1846年，老瑞德把从俄亥俄州布朗县引进的"戈登·霍普金斯"玉米种下去，植株高大，茎叶繁茂，但是一场大风过后，发生严重倒伏。没有倒伏的玉米最后也没有完全成熟，只收获了少量的种子。第二年春天，老瑞德又把淡红色的"戈登·霍普金斯"玉米播种下去，出苗很差，只好在缺苗的地方补种早熟的小黄玉米。两种玉米天然杂交，产生了一个混合后代，这样，"瑞德玉米"诞生了，他的产生具有很大的偶然性。但老瑞德的儿子詹姆斯·瑞德对杂交后代进行认真地选择具有创造性。

小瑞德虽然务农，但他实际上是一位艺术家，确切地说是一位画家。他企图把形象思维和逻辑思维结合起来，用美学的观点选择和培育玉米。果穗造型是小瑞德选择的重点，他喜欢圆桶形的果穗，长25厘米，有18～24行籽粒。后来，又把它和马齿玉米或半马齿玉米混合种植，经历天然杂交，最后从中选择出"瑞德玉米"。每年冬季在自己的苗圃中繁育杂交后代，来年在大田种植，连续数年都获得高产。到1890年"瑞德玉米"已经成为玉米带产量最高的玉米品种之一。瑞德玉米声名鹊起。1893年在芝加哥举办的万国博览会上，"瑞德玉米"荣获金奖，很快在玉米带大面积推广开来。

克鲁格玉米

克鲁格，一位勤劳而朴实的农民，他为玉米带玉米品种改良做了大量的工作。

1850 年，克鲁格的祖父举家从德国移民美国，最初定居在马萨诸塞州，1856 年定居在伊利诺斯州。克鲁格的父亲是一位铁路工人，但他们却在巴纳拉镇拥有 30 公顷耕地。克鲁格就出生在这块土地上。很巧，克鲁格的父亲及其兄弟都在铁路部门工作，他们不喜欢务农，克鲁格就成为了这块土地的主人。

而立之年的克鲁格对种植玉米有浓厚的兴趣，并有一种好学进取的精神，喜欢新鲜事物。他引进玉米新品种，并购置最新式的玉米脱粒机，亲自操作，因而成为远近闻名技艺娴熟的脱粒手。

长期与玉米打交道，克鲁格开始进行玉米改良工作。1903 年他选用了许多优良品种进行杂交，其中以内布拉斯加"瑞德玉米"与衣阿华金矿玉米的杂交后代表现最好，植株健壮，产量很高。克鲁格种植几块高产田，都获取了玉米带的最高产量。

当时，玉米带盛行玉米展览会，获奖玉米不是以产量作为指标，而是以美观外形为标准。尽管说克鲁格培育的玉米产量很高，但是从来没有在玉米展览会上展出过。

果穗美观的玉米就一定高产吗？未必！当时，伍德福特县正在按照精确的科学原理进行 3 年的玉米产量试验。从 1919 年开始到 1921 年结束，全县 118 个农民提供的种子每年都参加评比试验。这 118 个品种在该州不同的地方排列种植。在 3 年试验中，克鲁格玉米品种一直名列首位，每公顷产量比平均产量高出 400 多千克。1922 年，伍德福特县对选出的 10 个玉米高产品种进行产量试验，"克鲁格玉米"仍然位居榜首。

克鲁格从不夸说自己的成绩，也从不渲染自己的品种。后来在农业协会的一再催促下，他才把他的玉米种子送到了农协办公室。玉米的果穗和籽粒都不是很整齐，形状也不惹人瞩目。然而，就是这些其貌不扬的种子，播下去却获得很高的产量。3 年的产量试验结果，每公顷平均产量 7500 千克，比曾在展览会上获奖的、大面积推广的瑞德玉米品种每公顷产量高出 620 千克。玉米高产出农家，克鲁格成为玉米带名闻遐迩的人物。

克鲁格叙述，他的父亲喜欢一种很粗糙的玉米，在脱粒时容易划破手指，所以他对选种工作十分注意。每年玉米收获季节，先从植株上选择具有优良性状的果穗，贮藏在篮子里慢慢干燥。冬季，克鲁格认真地进行逐穗考种，评价和挑选优良的种子，供来年播种之用。他还要从中选的优质果穗中先脱下一部分籽粒，仔细观察籽粒背面出现的清晰的油线，这个性状对评价品质十分重要。

"克鲁格玉米"在玉米带广为种植，克鲁格名闻遐迩，农民给他冠以"玉米大王"的光荣称号。

兰卡斯特玉米

继瑞德和克鲁格之后，对现今玉米带的玉米发展有一定影响的农民育种家是海西。

海西一家居住在宾夕法尼亚州兰卡斯特县，他热爱农业，特别喜欢种植玉米高产田。作为农民中的一份子，他最了解农民的想法和需要。农民很讲究实际，他们不是看你说的如何好，而是要看实际效果怎么样。当农民从混合杂交种子获取了很高的产量，这个玉米种子就能很快地推广。

海西最初把一个晚熟大穗的马齿玉米与一个早熟硬粒玉米杂交，然后一次又一次地授予它至少 6 个其他玉米品种的混合花粉。1910年，他从中选出了几个早熟高产的玉米品种，特别是具有秆粗、穗大、抗病、根系粗、抗倒伏等性状，在兰卡斯特县种植表现稳产高产，农民称之为"保险作物"。海西经过几年不断地改进和试种，这个综合杂交种在玉米带的东北部地区迅速推广。

比尔和他的玉米杂交试验

比尔（1883～1924），美国植物学家、农业教育家，也是世界上第一位在人工控制条件下进行玉米杂交试验的科学家。在达尔文进化理论及其所做的玉米试验的影响下，比尔进行了第一例在人工控制条件下玉米品种间杂交试验。这个试验为以后玉米杂交育种奠定了基础。差不多在以后的半个多世纪里，科学家沿着他的足迹，遵循他的思路，最终解决了杂交玉米的许多难题并使之应用于生产。

比尔出生在密执安州东南部艾德兰郊区的一个农民家庭，童年的生活艰苦而朴实。1859 年获学士学位，1862 年获硕士学位。同年，他进入哈弗大学，修完了高等自然科学课程。当时，自然科学领域正经历一场骚动。达尔文巨著《物种起源》的问世震惊了全世界，生物学界开展了一场激烈的论战，比尔就置身于这场论战之中。头脑冷静，善于思考的比尔虽然没有直接地卷入这场生物学论战，但他融汇了支持和反对两方观点之长，认真学习掌握，后来成为他在课堂和实验室成功地进行教学的知识基础。但是，不管在何种情况下，他坚定地拥护达尔文的进化论理论。1870 年，比尔到密执安州农业大学担任植物学和园艺学教授。期间，他筹建了一间植物实验室，创办了一座植物园，为开展植物学教学和研究创造了一个好场地。这个植物园虽然很小，但是直至今天仍然完整地作为文化遗产保留着。因为它是美国生物学发展史上第一座教学植物园。

比尔教学生涯中最重要的成就之一，就是他创造的植物学教学法。他首先让学生熟悉植物标本，每个学生都要说出他看到了什么？有什么见解？如果有两个学生的看法和说法不一致，就让学生彼此质疑，相互讨论。教师再带领学生到植物园或野外去实习，把自己所学和所见联系起来，再进行一次复述，然后教师在课堂上详细地、深入地讲授某种植物的总体功能以及各个器官的形态和特征，使学生深刻理解和永恒记忆。

作为达尔文理论的追随者和崇拜者，比尔仔细地研究了达尔文的玉米杂交试验。为了验证达尔文的试验结果，比尔重复了达尔文的试验，并把试验结果送请达尔文指导，得到了达尔文的肯定和支持。在达尔文的鼓励下，比尔开始了一项有计划的玉米杂交试验，这是世界上第一例在人工控制条件下以提高产量为目的而进行的玉米杂交试验，为20世纪的科学家培育杂交玉米指明了方向。

霍尔登——成绩卓著的玉米推广教授

大约在 200 年前，美国玉米育种家用北方硬粒玉米与南方马齿玉米杂交，产生了今天玉米带的马齿玉米。20 世纪以来，玉米育种家又从这些品种中选育出许多自交系并配制出杂交种。到 20 世纪 90 年代，美国玉米带自交系中大约有 40% 都含有瑞德黄马齿的血缘。霍尔登把瑞德玉米在玉米带大面积推广，如果不是他的辛勤劳作，今天全世界还不可能有那么多瑞德黄马齿血缘的玉米杂交种。

霍尔登，是密执安州农家子弟，美国农业教育家、玉米推广专家。在植物学家比尔的影响下，他勤奋努力、孜孜追求，终于成为密执安州农业大学的一名学生。1895 年，霍尔登毕业后就职于伊利诺斯大学农业试验站。霍尔登完全按照比尔的理论和思路从事玉米杂交研究，他也致力于玉米自交系的培育，并就玉米遗传和育种的研究发表过许多篇论文。他和那些专搞理论研究的科学家不同，他认为搞科学研究的人应该关心农业生产和技术推广工作。他认为，在当时农业生产上最迫切、最需要解决的问题之一，就是推广现有玉米良种和栽培技术。1895 ～ 1921 年，霍尔登主持伊利诺斯大学农业试验站玉米推广工作，他制订了一项宏伟的推广瑞德玉米的计划。

1902 年，霍尔登来到衣阿华州工作，在短短的一年里，他为当地玉米增产做了一件大事，也是瑞德玉米大面积推广的一个重要原因。

那年夏天，气候异常，阴雨连绵，洪水泛滥，大部分玉米地都淹了水，只有少部分玉米勉强可以成熟，但大多数玉米果穗发霉不能供作播种之用。灾难降临农民，他们还不知道自家的玉米种子发生了什么问题。霍尔登忧心忡忡。他不辞劳苦从一个农场到另一个农场，向农民宣传解释发霉的种子会影响出苗，降低产量。他还设计了一个种子快速发芽箱，亲自到田间去演示，让农民亲眼看到了什么样的种子不能发芽出苗，什么样的种子可以发芽出苗。这种方法还真灵，农民确信受灾的种子发芽率低，必须改种发芽率高的种子，才能保证获取玉米高产。但是，春播在即，种子奇缺。霍尔登建议并联系从外地调进优良瑞德玉米种子。他们动员了所有的人力和马匹运输，但数量大，马匹少，农时迫在眉睫。霍尔登找到他的舅舅——一位 70 多岁的政府官员亨利·华莱士，获得了铁路部门的帮助，在玉米播种以前调来了大量的玉米良种，保证了玉米适时播种。就这样，瑞德黄马齿玉米种植在农阿华州大部分地区。1903 年风调雨顺，又有霍尔登的技术指导，瑞德玉米获得了大丰收。

霍尔登的名字随着玉米丰收而广泛流传。农民尊称他为"玉米传教士"，传奇般地说他是秉承上帝旨意，从天国给农民带来了福音和技术。其教义就是让农民充分地认识玉米，种好玉米，使玉米高产。直至几十年后，当地的老农民还不时地回忆起那激动人心的日子，用感激的口吻传颂着霍尔登神话般的传奇故事。

杂交玉米之父 —— 一个科学家集体

达尔文创立生物进化论，孟德尔确立了遗传学说，为近代生物学发展奠定了理论基础。这些理论在农业上应用最早、受益最大的就要算杂交玉米了。杂交玉米的培育和推广，使全世界玉米产量成倍增长，许多遗传学家和育种家为培育杂交玉米做出了贡献。其中著名的有：伊斯特、沙尔、琼斯等，后人尊称他们为"杂交玉米之父"。

伊斯特探索玉米杂交优势

伊斯特（1879～1938）1900年毕业于伊利诺斯大学，学化学专业。当时学校的化学教授霍普金斯正在实施一项通过人工选择改进玉米蛋白质和油分含量的试验，企图培育出两种成分含量最高和最低的玉米品种。伊斯特学习优良，刚刚毕业就成为玉米品质育种组的一员。

青年伊斯特天资聪慧，深思好学，很快就投入到玉米品种质量育种工作中。在博览达尔文的《植物界杂交和自交授粉的影响》、孟德尔的《植物杂交试验》等群书之后，伊斯特写了一篇文献综述，题目为"植物某些生物学原理与育种的关系"，发表在《康涅狄格州试验站年报》上。主编在按语中指出：伊斯特关于植物遗传规律的评述，可以作为植物育种家进行品种改良的理论指南。

达尔文关于植物"自交有害，杂交有益"观点，长期地占据着伊斯特的脑际。经过深思熟虑之后，他决定进行一项玉米自交试验，观察玉米自交后代究竟发生了怎样的变化。当他把这个设想征询导师的意见时，全力投入玉米品质研究工作的霍普金斯教授的答案是冷漠的："我们对玉米自交的作用知道的已经一清二楚了，我无意再耗费人们的金钱去研究降低玉米产量的问题。"

伊斯特生性文静，但多虑，性情固执。他想好的事情就一定要坚持下去。他做了很多自交试验，又在一些自交植株之间进行杂交，结果收获了一些其貌不扬、籽粒干瘪的小穗。伊斯特有些迷茫了。他再次反复地思考达尔文的结论："自交是有害的，杂交是有益的。"

但是在这项试验中为什么出现了杂交有害的现象呢？殊途同归，事有巧合。伊斯特在伊利诺斯州试验站埋头进行玉米试验时，另一位植物学家沙尔在纽约州试验站进行玉米杂交试验，几乎是同时取得了相似的进展。

1908 年，美国育种者协会在华盛顿举行全美农作物遗传育种学术会议，伊斯特和沙尔都参加了。伊斯特听到沙尔的发言后无比的震惊：怎么两个人所作的几乎是完全相同的试验，获得的几乎又是完全相同的结果？但是不同的是，沙尔把瘦小干瘪的玉米种子种下去，并进行两个自交系的杂交，产生了极为强大的、几乎是爆发式的生长优势，玉米的产量显著地提高了。

伊斯特致函沙尔，完全同意他研究得出的结论。他说："我坦诚地接受你的关于自交使生物型分离并使全部物质转移的重要观点。"

1908 年，伊斯特在《康涅狄格州农业试验站年报》上发表论文："玉米的自交"，报道了玉米自交后的性状表现。1909 年，他又在美国《NatureScience 自然科学》发表了第二篇论文："玉米发育和遗传之间的差异"，详细报道了他的玉米自交和异交试验获得的结果。这是玉米育种史上单杂交种诞生的雏形。

沙尔的研究不谋而合

沙尔（1874 ～ 1954）出生在美国俄亥俄州一个农民家庭。祖父和父亲均以勤劳著称。沙尔像所有农村孩子一样，从小就与泥土和庄稼打交道。丰年，他同长辈们同享丰收的喜悦；歉年，他同样怀揣一颗沉重的心。

沙尔聪明睿智，勤奋好学。他从小就对作为人畜口粮的玉米产生浓厚的兴趣，以至在踏上工作岗位后在生物学方面所进行的第一次试验就选择了玉米。

1904 年，30 岁的沙尔获取植物学博士学位后，来到长岛冷泉港从事玉米遗传育种工作。当年秋天，他选用了 524 个马齿型玉米种

下去，1905 年又把收获的每个果穗的种子分行播种，从中选出 50 行进行单株自交授粉。为了进行数量遗传学研究，他还统计了每个单株的果穗数和籽粒数。

1906 年和 1907 年，沙尔将这些植株继续进行自交，同时也将其中一些植株做了杂交。沙尔发现，自交授粉降低了玉米的生长势和产量；但将自交系进行杂交时，它的后代就产生了意想不到的生长优势和很高的产量。在 1908 年全美农作物遗传育种会议上，沙尔报告的就是这项试验的过程和结果，题目为"玉米杂交的研究"。1909 年，他又在《国家自然科学》发表文章，题目为"玉米纯系育种法"，1910 年他在《美国育种家杂志》发表第三篇文章，题目为"玉米杂交育种法"。沙尔的研究结果在遗传和育种学界引起了很大的轰动。

沙尔的玉米杂交试验是在达尔文试验结论的启发下进行的，但他的研究工作显然要比达尔文的工作更完善、更细致。

琼斯解决了制种难题

高产的杂交玉米雏型产生了。伊斯特和沙尔有一个共同的愿望：要使农民从杂交玉米中获得好处。但是，在他们发表论文以后的 10 多年里，科学家遇到了一个十分棘手的难题，怎样才能大量地生产杂交种子并应用于生产呢？

有好几个州农业试验站的科学家同时进行此项研究工作。10 年过去了，人们都翘首以待，希望尽快地繁殖大量的、廉价的杂交玉米种子。

就在这时，亚利桑那州农业试验站的一位青年科学家——琼斯毛遂自荐，提出在伊斯特教授指导下完成这项工作。

琼斯（1890 ～ 1963）毕业于堪萨斯州大学，在亚利桑那州农业试验站从事苜蓿育种工作。1914 年，琼斯进入哈弗大学，在伊斯特教授指导下攻读博士学位。玉米生长季节在康涅狄格州农业试验站做试验，他研究的目的就是在生产上怎样应用玉米杂交优势。

这个题目的难点是，两个自交系杂交获得的种子来之不易，杂交第一代的产量虽然较高，但不能继续留作种用。第二代的种子长出来的植株，产量还不如农民种的普通玉米品种。

琼斯设计了很多试验方案，在多次试验失败之后，琼斯设想，能否用两个互不相干的杂交种进行杂交来生产玉米种子呢？1917年春天，琼斯在康涅狄格州卡梅尔农场种下了他的玉米杂交种，并进行两个杂交种之间的杂交。正如琼斯所预料的那样，两个单杂交种后代获得了高产，收获的种子就是可供生产上采用的双杂交种子。第二年春天，琼斯大面积地播种下这些杂交种子，秋季获得了丰收，每公顷玉米产量达到了7340千克，比农家品种增产30%以上。年仅27岁的琼斯满怀激情地宣布，他成功地解决了杂交玉米制种的难题。他指出：培育玉米双交种子是解决种子生产的有效途径。这种方法有很多好处，即：不管是从母本植株还是从父本植株上都可以收获大量的种子，做父本的单交种收获的种子，可以供作食用或饲用，而做母本的单交种收获的种子，就可以供作来年播种之用了。

杂交玉米应用于生产之后，在田间给玉米去雄授粉是一项十分繁重的劳动，琼斯一直在思考怎样才能从玉米去雄的繁重体力劳动中解脱出来。他希望培育出一种具有细胞质雄性不育特性的玉米，就是说要找出一种雄穗不能产生花粉的玉米。终于，琼斯从他学生孟格尔斯多夫那里获得了细胞质雄性不育玉米。经过几年的工作，从中培育出了 T 形雄性不育系。这一发明大大地节省了玉米去雄的繁重劳动，并促进了杂交玉米的大面积推广。

在地球上撒布杂交玉米的人——华莱士

科学理论的发现能振奋人心却未必满足人心，只有及时转化为生产力并造福人类，才能实现科学理论的价值。杂交玉米种子生产的方法解决了，一种新型的高产玉米培育出来了。但科学研究和生产实践之间还缺少了一条联系的纽带，那就是如何生产大量的杂交种应用于生产。

华莱士（Henry A.Wallace）（1888～1965），美国前副总统，也是美国很有影响的玉米遗传育种学家。华莱士出生在美国衣阿华州声名显赫的农业世家。祖父亨利·华莱士，是美国著名的农学家和风靡全国的报纸《华莱士农民》的创始人。

父亲 H.C. 华莱士，是美国哈丁总统任期内的农业部长。他还有位兄弟 H.B. 华莱士，则是全国驰名的家禽饲养和成绩卓著的企业家。在美国农业界，如果提到华莱士，你必须详细地说清楚他的全名，才能弄清楚所说的是哪一位，因为他们四位都名声显赫，遐迩闻名。但其中知名度最高、广为人们称道的，则指的是 Henry A. 华莱士。

1890 年，在玉米带各州、县兴起盛大的玉米展览会，1910 年达到鼎盛时期，展览会上获取优胜的标准也主要集中在美丽的外观上。

当时年仅 16 岁的华莱士对美观漂亮的果穗后代能获取高产持怀疑态度。1903 年，他在衣阿华州的自家农场里开辟了一块试验地，按照玉米展览会的标准，把 40 个外观优美的获奖果穗和农家品种进行产量比较。经过重复多次试验之后，他得出的结论是，玉米果穗的外观和产量没有任何直接关系。华莱士及其他科学家的产量试验测试否定了玉米展览会的评选优异玉米的标准，促进了科学的玉米高产试验的开展。1920 年，衣阿华州开展了第一届全州玉米高产竞赛。此后，类似的高产竞赛在玉米带其他各州也迅速开展起来。经过产量试验被列为高产品种之后，许多玉米品种获得了较高的售价，而且该州最终成为杂交玉米种子企业的发祥地和最兴旺发达的地方。

华莱士等人倡导的高产竞赛也为后来推广杂交玉米铺平了道路。

1910 年，华莱士成为农阿华州农业试验站从事玉米遗传育种工作的成员。1913 年，开始培育玉米自交系，几年后培育出第一批优良的杂交种——库伯玉米，并在 1924 年的生产试验中，比普通玉米增产 25%，华莱士也因此而荣获金奖。

华莱士亲身实践培育出杂交玉米并付诸于生产和大面积示范，让农民亲眼看到杂交玉米为什么能增产。他经常到各州、县鼓励种子推销员繁殖玉米杂交种，劝说农民采用他培育的玉米种子。华莱士的努力速见成效，农阿华州种子公司和他签订合同，愿意繁殖库伯杂交玉米种子，杂交玉米很快到达农户手里，一个专门营销玉米种子的新产业的雏形诞生了。1927 年，华莱士支持建立美国第一家杂交玉米种子公司。

杂交玉米种植面积迅速扩大，华莱士的玉米种子公司产与销几乎呈几何级数增长。1933 年，玉米带杂交玉米种植面积只占百分之零点几，10 年后杂交玉米种植面积扩大到 78%。一个重要的农业产业逐步发展壮大，它的经营额高达千百万美元，有几千名固定或临时人员就业，并且影响到农阿华州大多数人民的生活。1935 年，华莱士创建的种子公司改名为"杂交玉米国际开发公司"。

华莱士通过实践，提高了世界粮食产量，他设法填补了实验室与农田之间的那道鸿沟，架设了一座由科技通向生产的桥梁，还为粮食发展的体制化奠定了基础。

发现玉米转座因子的女科学家——麦克林托克

1983 年 12 月 10 日，诺贝尔奖委员会在瑞典卡罗琳医学院隆重集会，为 30 年前发现玉米转座因子而颁发科学上的最高荣誉——诺贝尔医学和生理学奖。当一位 80 多岁白发苍苍的女士登上领奖台时，全场欢声雷动，与会者报以热烈的掌声。她就是把毕生精力奉献给玉米遗传学事业的女科学家——芭芭拉·麦克林托克。

麦克林托克（1902～1992），美国遗传学女科学家，发现玉米转座因子，创造了快速准确鉴定玉米染色体的方法。麦克林托克 1919 年进入康奈尔大学农学院，时年 17 岁。在三年级时读到了遗传学，当时，这门学科还非常年轻，仅比她的年龄稍大一些，麦克林托克被它那深邃而奥秘的世界所吸引，把它称为"特别激动人心的、令人感兴趣的课程"。

麦克林托克的学习热情和优异成绩备受教师关注，对她抱有很大的希望，尽管当时植物遗传育种系不接受女研究生，但对麦克林托克却破了例。在读研究生二年级时，她开始大胆地探索细胞学领域的新问题。涉猎伊始，她就创建了一种鉴定玉米染色体的方法，能快速准确无误地辨认出每一条细胞染色体，以及每条染色体上独特的形态特征。作为一名年轻的研究生，她的发明博得同行们的赞扬，令人刮目相看。这些主要特征后来成为测定染色体上基因遗传图的重要标志。

1927 年，年仅 25 岁的麦克林托克以优异成绩获得了康奈尔大学农学院植物博士学位。1931～1935 年，麦克林托克在玉米遗传学研究方面取得了显著进展。她发现了参与染色体复制的环形染色体、在第 6 条染色体末端发现了核仁组织者、发现了玉米染色体断裂—愈合—桥周期。这一系列的研究发现引起了遗传学界极大的兴趣。

1944 年春季，麦克林托克被选为美国科学院院士。这是国家科学院历史上第 3 次授予一位妇女这样的最高荣誉。同年，麦克林托克被选为美国遗传学会主席，时年 42 岁。

在麦克林托克担任全国遗传学会主席的那一年，也就是功成名就之后，她又潜心地投入一生中最重要的研究——玉米转座因子的发现，把她的科学研究生涯推向了峰点。

随着对玉米植株每一代的研究，异常现象的资料越来越多。认识这些资料并进行分析，需要有新的观点和理论。要珍视例外，这是科学家常常引用的警句。麦克林托克倾注全部心血进行思考和推断。经过 6 年的时间，她把玉米转座因子的系统中心内容写成论文，题目为"玉米染色体结构和基因表达"。1951 年夏季在冷泉港举行的学术讨论会上，麦克林托克怀着激动的心情宣读了她的研究报告。始料不及的是反应如此冷淡，没有人鼓掌，没有人提问。与会人茫然地坐着，慢慢地出现了窃窃私语，有人甚至嘲笑她，这个女人在干些什么？

转座学说和基因调控理论不能为遗传学界所接受，因为当时的遗传学家认为基因是稳定的，是按程序排列在染色体上不可变的遗传单位。麦克林托克提出的转座听起来好像是一种杂乱无章的思维。此外，对玉米遗传学知之甚少的人士，越来越不能领会那些能证实她的结论所必需的复杂论点。还有一点，就是她不是遵循逻辑的、循序的思维，相反却是靠她直觉的洞察和把握。这种违反常规的科学思维方式和研究方法令人难以苟同。但麦克林托克认为："我在研究染色体时，不是站在它的外面，而是进入它的里面。我是那个系统的一部分"。就是说，麦克林托克的研究完全"超脱"了现实。

在以后的几年里，她继续从不断地实验中获取数据，补充论点，发表论文。她怀着强烈的信念企盼着最后的成功。1956 年在冷泉港召开的学术讨论会上，麦克林托克再次详细地介绍了她的转座理论。但是，她提出的调剂和控制的机制更为复杂和晦涩难懂。没有人理会她，尽管人们还是十分尊敬她的学术地位。麦克林托克深深地感觉到，自己在学术上和职业上是完完全全的孤立了。但她坚信研究方向是正确的，信心支持她顽强地继续下去。

1960 年，她第三次在冷泉港学术讨论会上提出她的发现，仍然毫无反应。1965 年，她第四次在布鲁克兹学术讨论会上发言，这是她向遗传学界的同事们解释她的工作所做的最后的努力，反应是相同的。但麦克林托克仍然坚定地认为："我知道我的理论是对的。"

20 世纪 50 年代和 60 年代分子生物学的研究，出现了许多引人注目的、意想不到的观察资料。其中最令人惊奇的发现，细菌染色体组的基因明显地向周围跳跃。人们把这些因子称为"跳跃基因"、"转座子"或"插入因子"等等不同的名词，在许多情况下，观察到的"转座子"具有规律性，而且和 30 年前麦克林托克所观察到的完全相似。只不过人们赋予它的科学术语叫作 DNA 罢了。

遗传学界最终一致公认，麦克林托克 30 年前对"转座"理论的研究做出了重大贡献。遗传学的发展进一步证明了麦克林托克对遗传学机理研究的预见性。最终，她获得了科学领域的最高荣誉——诺贝尔医学奖和生理学奖，诺贝尔奖委员会称她的创造是"我们时代遗传学领域两大重要发现之一"。另一重要发现是脱氧核酸双螺旋结构理论。

麦克林托克在那里默默耕耘 30 多年的冷泉港实验室成为"转座"理论研究的中心，她所在的实验室也以她的名字命名。麦克林托克迅速成为这个研究领域的中心人物。

幸亏麦克林托克长寿，是她亲眼看到了被认为是非正统的理论为她重新赢得了声望荣誉。虽然为时过迟一些，但仍然不失为幸运者。因为，诺贝尔科学奖是不授予已经逝世的人的。

中国玉米人物

玉米遗传育种家——杨允奎

杨允奎是我国农作物数量遗传学科创始人之一，也是著名的玉米遗传学家。20世纪50年代，他在相当长的时间担任四川省农业生产、科研和教学部门的领导职务，一生从事玉米科研和教学工作。做公仆，他任劳任怨；搞科研，他锲而不舍；为人师，他谆谆教导。杨允奎堪称中国一代知识分子的楷模。

杨允奎（1902～1970），是20世纪20年代少数留美学者之一。他自幼勤奋好学，孜孜追求。1921年以优异成绩进入北京清华学堂留美预备部，1928年获庚款公费（庚款公费，即清政府败于八国联军后缴纳的庚子赔款，美国统治者用它来"恩赐"给中国穷学生，让他们去美国留学。）资助，赴美国俄亥俄州立大学农艺系攻读作物遗传育种博士学位。杨允奎忍辱负重，发愤图强，刻苦钻研，决心学好本领，用科学拯救被称为"东亚病夫"的祖国。

杨允奎的聪慧和才华很受导师的器重，挽留他在美国从事科研和教学工作。杨允奎身在异乡，心系华夏，谢绝了在美国优厚待遇的聘任，选择了振兴祖国农业的归途。

1937年应四川省建设厅长卢作孚聘请，杨允奎受命创办四川稻麦试验场，1938年改称四川农业改进所，任所长。创办稻麦场之后，杨允奎就组织和带领科技人员进行大规模的粮食作物地方品种资源普查。他们考察了52个县的农村，获取了极其丰富的资料和数据。这项工作为合理利用地方资源和改良作物品种提供了依据，也为他以后领导四川农业生产创造了条件。1936年，杨允奎开始培育自交系并进行杂交育种。到1945年，杨允奎及其同事先后培育出50多个玉米双交、顶交优良组合，增产幅度都在10%～25%。在当时的抗战后方，杨允奎主持玉米育种工作取得的显著成绩很为农业界所瞩目。

杨允奎特别注意党的科学技术政策，他积极倡导利用杂交优势，发展玉米生产。他认为："杂交产生的新个体具有双重的遗传基础，内在矛盾力增强，生活力提高，从而生长势、适应力和可塑性都为之扩大。因此，杂交是创造新品种的重要方法之一。"在杨允奎的主持之下，50年代先后育成玉米杂交种川农56-1号、顶交种金可和门可等，1957年在10个县60多个试验点试种，增产显著，每公顷产量均在4500千克以上。50年代初，杨允奎向学术界介绍国外数量遗传学的研究进展，并率先在玉米育种工作中运用。60年代杨允奎及其助手结合数量遗传学研究，选育出双交1号、双交4号、双交7号等，在四川部分地区种植，增产显著，为大面积推广玉米杂交种开辟了道路。

杨允奎把玉米遗传学理论与育种实践相结合，首推利用玉米雄性不育特征培育杂交种。1961年，实现了雄性不育系、保持系与恢复系"三系"配套。他指出：玉米雄性不育特征不仅受细胞质遗传的影响，在一定条件下还受细胞质与细胞核的互作影响。杨允奎及其助手的这项研究，以题为"利用玉米雄性不育特性制造杂种的研究"发表在1962年的《作物学报》上，为我国利用雄性不育法培育玉米杂交种迈出了可贵的第一步。

玉米育种事业的开拓者——吴绍骙

农业科技界的同行都把吴绍骙教授赞誉为我国玉米育种事业的开拓者。吴老总是谦逊地说："要说我是开拓者，实不敢当。我做的工作不多，只是培育出几个玉米杂交种，写了几篇不像样的文章。"吴绍骙确实没有经常发表万言论文或浩繁巨著，但他在我国发展农业生产的关键问题上，根据自己的科学实践，提出新的见解和建议，为发展我国玉米生产和育种事业拓宽了道路。

吴绍骙（1905～1998），农业教育家和作物育种学家，中国玉米育种奠基人之一。1905年生于安徽省嘉山县的书香世家。1929年，以优异的成绩毕业于南京金陵大学农学院。1934年，考中欧美公费留学，在美国明尼苏达大学著名农作物遗传育种学家海斯教授指导下深造，这次机会确立了他一生为玉米育种事业奋斗的道路。在海斯教授的指导下，吴绍骙花去了4年的时间，在攻读硕士之后又以优异成绩完成了博士论文"玉米自交系亲缘与其杂交组合之关系"，这篇论文至今仍然是玉米杂交育种工作的重要参考文献。他成功地采用双杂交种或单杂交种选育自交系，亦即今天常说的二环系。此项研究为玉米采用二环系方法培育自交系和配制杂交种奠定了理论基础。从历史的角度看，吴绍骙是利用二环系配制玉米杂交种最早的倡导人之一。

1938年，吴绍骙回国，他怀着满腔热忱期望能为改变祖国玉米育种事业的落后面貌、振兴祖国农业贡献力量。但在当时战火纷飞的祖国大地，很难实现他梦寐以求的理想。他奔波于黔、桂、川等地，没有找到能从事玉米科学研究的落脚之地，他辛辛苦苦从美国带回来的宝贵的玉米育种材料也散失殆尽。

新中国成立后，吴绍骙到开封河南农学院工作，并在这里深深地扎下根来，躬耕毕生。1949年12月，吴绍骙作为特邀代表参加了中国农业部召开的"全国农业工作会议"，在会议上作了"利用杂

交优势增进玉米产量"的发言，提出了发展玉米生产和品种选育的当前和长远的策略，受到了国家领导人的重视，中央农业部采纳了他的建议，于1950年3月召开玉米工作座谈会，邀请吴绍骙参加会议并主持制定《全国玉米改良计划（草案）》。吴绍骙建议在近期内使用玉米品种间杂交种，时间短，见效快，可以迅速提高玉米产量。这项措施开创了我国大面积生产上变农家种为杂交种、农作物利用杂交优势的先例。20世纪50年代，全国共育成玉米品种间杂交种400多个，在生产上应用的有60多个，推广面积达166多万公顷，是50年代玉米增产的重要措施之一。

20世纪50年代初，吴绍骙在地处中原的河南郑州主持玉米育种工作，曾经是他学生的程剑萍，在地处亚热带的广西柳州进行玉米杂交育种试验。他们彼此交换育种材料，相互帮助种植。这件事启发他经常思考这样一个问题，如果能利用两地得天独厚的自然条件，把北方的玉米材料拿到南方繁育，不是可以大大加快自交系繁育速度，丰富杂交资源，缩短玉米育种年限吗？在吴绍骙、程剑萍和陈汉芝共同主持下，1956～1959年开设了"异地培育玉米自交系"的研究课题。经过4年的试验观察，吴绍骙等人联名发表"异地培育对玉米自交系的影响及其生产上利用可能性的研究"论文，阐述异地培育玉米自交系的理论依据及其效果。为进一步查明异地培育对玉米自交系配合力有无影响，吴绍骙等继续在两地对所培育的自交系进行观察。结果表明：南方选育的材料拿回北方仍可正常生长，不同植株培育的自交系在配合力上存在着差别，但同一自交系材料不因异地培育而受影响。这就从理论上和实践上否定了"环境可以改变遗传性状"的理论，从而为玉米和其他作物开展异地培育铺平了道路。这项研究成果1990年荣获河南省人民政府科技进步一等奖。

范福仁为玉米品种改良事业奉献一生

追溯 20 世纪我国玉米科技事业的发展，都会提到范福仁教授在玉米遗传和育种方面做出的成绩。范福仁是我国早期玉米遗传育种学家和生物统计学家，他一生尽智竭虑，兢兢业业，为发展我国玉米科技和教育事业倾注了全部心血。毕生从事生物统计与作物田间试验技术的教学工作，是中国这一学科的主要倡导者与传播者之一。

范福仁（1909～1982），江苏无锡县人。1930 年以优异成绩考入南京金陵大学农学院。那年 9 月，美国作物遗传学家魏根在金陵大学作"玉米最新育种法"学术报告，介绍美国采用自交系间杂交育种新技术。范福仁被这种新奇而深奥的育种理论和方法所吸引，对作物遗传育种课程产生了浓厚的兴趣。他有意识地关注美国杂交玉米研究进展，搜集国内外有关玉米的资料，并且特别偏爱作物育种和生物统计课程，这为他从事玉米遗传育种工作奠定了基础。

1934 年，范福仁大学毕业后经过辗转周折，最终在广西柳州农事试验场谋得从事玉米品种改良工作的职务。他率领几位志同之士，跋涉于云南、贵州和广西各省，熟悉生态环境，考察玉米生产，广泛征集品种资源，两年间共获得玉米材料 413 份，这项工作为后来开展玉米杂交育种奠定了丰富的种质基础。1936 年，范福仁及其助手开始玉米自交系间杂交育种工作，他们首先把搜集的品种优中选优，然后进行自交选育，3 年间他们共获得自交系 7621 个。1938～1940 年连续进行测交、单交和双交，共获得玉米测交组合 553 个，单交组合 114 个，双交组合 178 个。经过综合性状评定，从这些组合中评选出双 36、双 41、双 65 和双 67 等 10 个优良双交种，1942 年分别在柳州（增产 56%）、宜山（41%）、桂林（19.4%）、南宁（69.8%）评比鉴定，均比当地农家种增产显著。范福仁还重视良种良法配套栽培技术的研究，为推广玉米杂交种提供了良种良法配套栽培技术。

在从事田间试验时，范福仁常常遇到各试验区株数参差不齐，品种的优劣性状为之掩盖，在采用随机区组或拉丁方设计时，可用相关变量分析法以消除株数不齐的影响，但在拟复因子试验中尚无成法足资应用。经过反复思考和讨论，范福仁、顾文斐首次以"相关变量"应用于玉米拟复因子试验，提高试验的准确性。在《广西农业》发表后，此法被农业界同行广为采用。

捍卫摩尔根遗传理论的科学家——李竞雄

李竞雄是擅长植物细胞遗传学、从事玉米育种研究的科学家，他为捍卫摩尔根遗传学做出了不懈的努力。40多年来他主持培育出十几个高产优质的玉米杂交种，特别是多抗性丰产玉米单交种中单2号，遍植中国南北大地，种植面积最多年份达333多万公顷，荣获国家自然科学发明一等奖。

李竞雄（1913～1997），出生在江苏。幼失双亲，家境贫寒，养成他独立思考、勤奋自强、严于律己的倔强性格。1932年他以优异的成绩获清贫奖学金进入浙江大学农学院。在大学时，他的启蒙老师冯肇传教授赠给他一册辛诺特和邓恩合著的最新版本《遗传学原理》，使他对植物遗传学的深邃奥秘产生了浓厚的兴趣，决定一生为之奉献。

浙江大学毕业后，李竞雄留校任教数年后，经冯肇传推荐，赴武汉大学随著名遗传学家李先闻从事玉米细胞遗传学研究。李先闻教授对这个刻苦钻研、勤奋好学的青年助教很感兴趣，特别是他精心绘制的细胞染色体图，令李先闻教授大加赞赏。经李先闻教授的推荐，1944年，李竞雄获得赴美留学深造的机会。在美国留学期间，他修完了高等遗传学课程，掌握了新的研究方法，特别是关于射线诱发植物基因突变和染色体易位的新知识，对他后来的研究工作有很大帮助。

在美国的数年中，李竞雄广泛征集了一批珍贵的玉米自交系，准备回国后为发展祖国农业做出贡献。1948年12月回到祖国，就职于北平清华大学农学院，开始编绘发展祖国农业科学事业的蓝图。

正当李竞雄决心投入玉米遗传育种研究的时候，学术界开展对摩尔根遗传学"资产阶级方向"的批判，在当时的政治运动中，他只有保持沉默，私下里进行自交系杂交种的选育。直到党中央1956年提出"百家争鸣，百花齐放"繁荣科学艺术的方针之后，李竞雄和郑长庚等立即发表了他们从事6年玉米杂交种选育的研究报告，率先推出已培育出的玉米杂交种，其中农大3号、农大4号和农大7号等双交种，表现良好，比当地种增产30%～50%。为了推广这些双交种，李竞雄不辞辛劳，经常去山西、山东、河北等地农村，向农业技术人员和农民普及杂交玉米知识，传授种子繁殖技术，并多点示范杂交玉米的高产潜力，使玉米双交种逐步推广。

　　李竞雄多次应邀参加中央农业部举办的全国玉米杂交育种训练班以及有关省市举办的训练班，宣传开展玉米自交系间杂交育种工作的意义，讲授杂交优势增产原理及杂交制种技术。他选育的多抗性丰产玉米杂交种中单2号荣获国家自然科学发明一等奖，1977年开始在全国推广，遍及南北20多个省（区），1982～1994年每年种植面积都在133.33万公顷以上，最多年份达333多万公顷。1979年，李竞雄当选中国科学院生物学部委员（1994年改称为院士）。李竞雄还倡导开展高营养玉米的选育，和他的助手把改善玉米品质、提高籽粒赖氨酸含量作为育种目标，培育出若干高品质玉米优良组合。他们还致力于甜玉米遗传育种研究，选育出甜玉2号、甜玉4号、甜玉6号等鲜食玉米。此外，李竞雄倡导开展玉米群体改良研究工作，以便扩大玉米种质基础，增强种质的抗逆性和广泛适应性，倡导开展细胞质雄性不育研究，这是世界上玉米理论研究和应用研究的前沿课题，旨在控制玉米叶斑病生理小种侵染和减轻制种时去雄的繁琐劳动。在李竞雄主持和参加攻关课题所有单位科技人员的共同努力下，"六五"期间共育成各类玉米杂交种32个，推广面积373多万公顷；"七五"期间共育成各类玉米杂交种55个，推广面积433多万公顷，超额完成了国家下达的科技攻关计划，对发展我国玉米育种事业和玉米生产做出了杰出贡献。

中国工程院院士——戴景瑞

戴景瑞，玉米遗传育种学家，农业教育家，2001 年当选为中国工程院院士。

1934 年 9 月出生于辽宁省海城县蓝旗堡村，4 岁随父迁居海城镇。在高中学习期间，经过"三反五反"等一系列政治运动的洗礼，不断走向成熟，开始把自己与国家联系在一起，初步立下了为国为民的志向。1955 年高中毕业时，考取了北京农业大学农学系，发誓要为中国的农业奉献终身。1960 年 2 月他跟随李竞雄，开始了研究生生活。

1963 年研究生毕业后，戴景瑞留校任李竞雄的科研助理。但是好景不长，"文化大革命"10 年使他无法工作，那时他唯一能做到的是保住育种材料。从 1964 年到 1978 年，无论是"开门办学"、"教育革命小分队"，还是随学校转展陕北、河北涿州，那几个装满玉米种子的铁皮箱，他从没有离开过。

1973 年中美关系松动后，他从一篇美国文献中受到启发，要提高玉米杂种优势水平，必须拓宽自交系的来源，克服遗传基础狭窄和遗传脆弱性的潜在危险。他开始收集材料，组建群体，进行轮回选择并制订了选育优良自交系的计划。1983 年，在郑州召开的"六五"国家玉米育种攻关会上，戴景瑞提交了《高配合力自交系综 3 和综 31 的选育》报告。这两个自交系株型紧凑，综合抗病性强，与国内外各种类型自交系间杂交都表现很高的配合力。这是中国利用人工改良群体选育自交系的最早报告。这项研究成果不但丰富了中国玉米育种材料，而且在设计思路和选育方法上也给同行以重要的启示。

在综 3 和综 31 选育成功之后，戴景瑞承担了选育高产、优质、多抗杂交种的国家玉米育种攻关任务。1985 年，在 800 多个杂交组合中筛选出一个十分理想的组合，株高和穗位适中，株型比较紧凑，果穗长而大，籽粒鲜黄饱满，抗病性和抗旱性良好。经北京、天津和华北大区的区试，均名列第一，比对照种中单2号增产15%以上，定名农大60。到1990年"七五"攻关结束时，已通过3个省市的审定，年推广面积达10万公顷以上。"八五"期间又通过了国家和另外3个省的审定，迅速在全国20多个省市推广，到1995年"八五"结束时已经推广200万公顷。这项成果曾获国家三委一部颁发的重大攻关成果荣誉证书。

1985年，他赴四川参加全国玉米攻关会议期间，发现当地种植多年的中单2号已明显退化，急需更新换代，他便将株型、抗性和熟期均较适合川西平丘地区种植的一个新组合推荐给当地试种，经连续三年预备试验和区域试验，年年第一，比中单2号增产20%以上。这就是他用自交系综3与牛2-1杂交育成的农大65。至"九五"初期该杂交种已在川西平丘地区和河北等地累计推广近66.67万公顷。

在"八五"攻关的学术研讨会上，他提出"起点要高、取材要新、选择要严、速度要快"的十六字方针，这是他的育种策略的简明概括。在上述思想的指导下，从1986～1997年的12年中育成了10多个玉米新品种，正式通过省以上审定的9个，几乎每年贡献1个。"九五"初期他推出了用自选的两个自交系P138和综31杂交育成的农大3138在华北大区区试中两年28个点全部增产，平均比对照种丹玉13号增产39.7%，并在短短的两三年内通过了3个省市和全国品种审定，被列为"九五"期间全国重点推广品种。

戴景瑞教授40年如一日战斗在遗传学、作物遗传育种研究和教学的第一线。先后主持和承担国家科技攻关项目、国家自然科学基金项目、863高技术项目以及农业部、教委和北京等下达的多项科研任务。60年代首先在中国实现玉米双交种三系配套用于玉米种子生产，70年代育成农大54号，此后相继育成P138、综31等优良自交系和农大60等高产、优质、多抗玉米杂交种10余个，在全国20

多个省市推广 400 多万公顷，增收玉米 30 多亿千克，增收人民币 30 多亿元。其中农大 58、农大 60、农大 66、农大 3315、农大 3138 等多个杂交种在北京市的玉米新品种更新换代中发挥了重要作用。1997 年农大 60 获得北京市科技进步二等奖。1999 年由于农大 60 在全国的贡献又获得国家教育部科技进步一等奖。

　　戴景瑞教授在玉米遗传育种研究中勇于创新，积极引进高新技术，与他人合作在中国首先建立了玉米基因工程的技术体系，并率先用生物技术育成抗病的 C 型不育系和育成了第一代抗玉米螟的转基因（Bt）玉米新品种，并开始与北京市种子公司合作进行产业化开发，成为中国玉米生物技术育种的开拓者，这项成果获 1997 年国家教委科技进步二等奖。

走进通辽玉米博物馆

THE TONGLIAO CORN MUSEUM

中国工程院院士——荣廷昭

荣廷昭（1936～   ），玉米遗传育种学家。2003年当选为中国工程院院士。1936年1月出生在重庆市璧山县一个普通农民家庭。1953年考取四川大学农学院农学专业，他立志为农民和农村献身。1957年在四川农学院农学系任助教。1962年玉米遗传育种及数量遗传学家杨允奎先生调任四川农学院院长之后，组建了数量遗传实验室。自此，荣廷昭与数量遗传和玉米育种研究结下了不解之缘。

早在20世纪60年代，荣廷昭看到我国特别是四川的玉米产量很低，农民的生活很贫困，还没有自己培育的优良玉米杂交种时，就下定决心："一定要选育出自己的品种。"然而在那政治生活极不正常的年代，注定他的事业之路将充满坎坷。人身自由、工作的权利连同多年辛辛苦苦积累的研究资料，统统被剥夺。这对将事业视为生命的他，其打击是无法言喻的。但是，荣廷昭没有因此而趴下，当科学的春天到来后，他无比振奋，并按捺不住搞研究的渴望和冲动。1980年他刚恢复教师工作就开展玉米遗传育种研究。

组配玉米新杂交种的关键是选育突破性优良自交系。在育种实践中，他们创造了数量遗传研究和群体改良、自交系选育、杂交种选育同步进行的玉米育种新方法，把数量遗传研究与玉米育种紧密结合起来。这种方法将一个育种周期所需时间缩短了一半以上，既提高了效率，又增加了选择的精度和预见性，在较短的时间里，他们就育成了48-2、S37、18-599、21-ES等"三高"自交系，用它们组配出国家审定玉米杂交品种5个、省级审定玉米杂交品种20余个，获专利4项。其中高配合力、高产、高抗多种病害玉米新自交系48-2和S37获1996年度国家技术发明二等奖，这是"八五"期间我国玉米遗传育种研究领域所获得的最高奖。丰抗兼优的新杂交种川单9号被评为全国"八五"十大农作物新品种，并被列入国家级重大科技成果推广计划，还被评为1996年度四川省科技进步特

117

等奖。2001 年，他主持的"四川地方种质和美国玉米带种质'三高'自交系 21-ES、18-599、156 选育研究"获省科技进步一等奖。"八五"以来，他们每年都有省级以上审定的新杂交种问世，在四川省及西南地区累计推广 400 多万公顷，增产玉米近 30 亿千克，创经济效益 30 多亿元，为我国的玉米育种和生产做出了重大贡献。

同时，荣廷昭同志带领他的同事们还开创了热带种质在温带玉米育种中应用的新途径，提出了育种用群体概念和合成育种用群体的新方法，对传统的数量遗传研究方法作了重大改进和创新，还开展了发育数量遗传研究，并把分子标记应用于玉米遗传育种研究。如今他已 80 岁了，还在全面系统地进行将玉米近缘属遗传物质导入玉米的研究。尽管这是一份需长期努力、出成果相当艰难的应用基础研究，但荣教授却很坦然。他说："我今天做这些，不是为我自己，而是为了我国玉米研究的持续进行。"

李登海——中国玉米高产之星

20世纪80年代，我国玉米生产中出现一个奇迹：一位农民培育出高产优质的玉米杂交种，创造出夏玉米产量16440千克/公顷的高产纪录，支持创立了我国第一家民营农业科学院。这个奇迹堪称"玉米王国"中的奇花异葩，它为我国玉米育种和高产栽培开创了一条新路，为玉米产量大幅度增长做出了贡献，被称为"中国紧凑型杂交玉米之父"，世界夏玉米高产纪录的保持者。

李登海（1949～　　），是山东省莱州市农业科学院的负责人、高级农艺师。70年代初，正当全国四级科技网蓬勃兴起的时候，李登海担任了后邓村的科技队长。25岁正是朝气蓬勃、干劲十足的年龄。他仅凭从报纸、杂志上得到的片段知识，领着几位农民搞起了农业科学实验。当时后邓村的玉米产量为3000千克/公顷，甚至还比小麦的产量低。1972年，他们科技队种植的玉米高产田产量达到7680千克/公顷，比村里的普通田高出1倍多。农民夸奖，干部表扬，李登海很受鼓舞。当时的人民公社领导看他是个科技"苗子"，1974年送他到山东省莱州农业学校学习。在那里，李登海学习了农作物遗传理论、育种方法和栽培技术，他写下了40多万字的读书笔记。知识给了他力量，开阔了他的眼界，树立了从事科学育种的信心。经过多年的努力，李登海培育出遍植大半个中国的优良杂交种掖单2号。1979年获得了11649千克/公顷的高产纪录；1982年创造了12373.5千克/公顷的高产纪录，在山东省玉米高产经验交流会上，李登海登台宣读了"掖单2号与夏玉米大面积高产"的论文，受到科学家的好评。他培育的紧凑型玉米掖单2号也被山东省科委授予科技成果二等奖。到了90年代，掖单2号年最大种植面积达133.33万公顷，荣获国家科委星火科技一等奖。紧凑型玉米的培育和大面积推广，使我国玉米栽培理论和技术有所突破。在培育的掖单2号实现12000千克/公顷之后，李登海立即提出玉米15000千克/公顷的奋斗目标。他从自己丰富的"种质库"中寻找，并培育出果穗大、耐密植的杂交组合，经过南繁北育和温室加代，1988年新组合单340×掖478产量达15133.5千克/公顷，首次创造了我国夏玉米每公顷产量达15000千克（亩产超过吨粮）的最高纪录。李登海被称为名副其实的"中国玉米高产之星"，他成功地摘取了这颗闪光的"皇冠上的珍珠"。

国家玉米产业技术体系首席科学家——张世煌

张世煌（1948～　），中国农科院作物所玉米系主任，研究员，博士生导师，国家玉米产业技术体系首席科学家，农业部首批科技跨越计划优质蛋白玉米项目首席专家，亚洲开发银行 AMBIONET 项目中国负责人，CIMMYT 优质蛋白玉米项目技术指导委员会委员。从事玉米遗传育种研究，包括玉米种质扩增和改良，抗逆遗传和育种技术，品质改良，玉米分子生物学和分子标记辅助育种技术研究。

品种演变

通辽玉米人物

钟崇昭，1935 年出生于浙江省鄞县，1957 年毕业于北京农业大学，为响应国家支边号召，他分配到内蒙古自治区哲里木盟农业科学研究所（通辽市农业科学研究院）工作。历任哲里木盟农学会理事、内蒙古玉米专家顾问组成员、自治区农作物品种审定委员会常委、自治区七届人大代表等。

1962 年以来，钟崇昭一直从事玉米杂交种选育引进和开发推广工作，主持育成玉米杂交种 10 余个，累计推广面积 270 余万公顷，为提高哲盟及自治区玉米产量、促进玉米生产发展起到了重要作用。钟崇昭配合协助各级农业行政和种子管理部门组织哲里木盟（现通辽市）和自治区玉米杂交种普及推广工作，拟订繁育推广计划，制定繁育制种操作规程，培训技术人员，指导试点开展工作。并与其他科技人员一起引进推广玉米杂交种农大 4、吉双 4、吉双 83、吉单 101、吉单 103、嫩单 1、四单 19、吉单 180 和陕单 911、硕秋 8、郑单 958 等优良杂交种，在不同时期为通辽提供了玉米推广品种。他主持研究各级玉米育种攻关项目，育成哲单 1、哲单 3、哲单 4、哲单 5、哲单 7、黄莫 417 和哲单 14、哲单 32、哲单 33、哲单 35、哲单 36、哲单 37 等哲单号玉米杂交种，其中哲单 3 和黄莫 417 曾是哲里木盟（现通辽市）主体推广品种。通辽地区按热量资源大致可以分为中晚熟和中早熟两个品种区。其中中晚熟区生产条件较好，单产较高，适合推广"黄莫 417"。1984 年哲盟大面积推广紧凑型高产杂种"黄莫 417"后，经过三年高产攻关，全盟玉米生产出现了超常规发展。如以 1984 年为界，后五年比前五年单产总产增加一倍左右。1989 年哲里木盟推广"黄莫 417"玉米杂交品种达 29 万公顷，增产 5 亿千克。2003 年，辽宁沈阳法库县面对严峻旱灾，引入生育期短的高品质玉米"黄莫 417"提高大田作物的品质。钟崇昭先后获奖 16 项，其中乌兰夫基金会（科技）银奖 1 项，自治区科技进步二等奖 2 项，自治区科技进步三等奖 3 项，哲里木盟（现通辽市）科技进步一等奖 3 项。先后发表论文 10 余篇，并参加了《玉米双交种繁育制种技术》、《玉米育种与制种》、《玉米高粱杂交种制种技术》、《哲盟农作物品种区划》等书的编写工作。1983 年受到国家民委、劳动人事部、国家科协表彰，授予"少数民族地区先进工作者"称号。1986 年获得"自治区劳动模范"称号。1988 年被评为"自治区有突出贡献中青年专家"。1989 年被评为"自治区有突出贡献科技人员"。1991 年受国务院表彰，享受政府特殊津贴。1992 年获自治区重奖——乌兰夫基金会（科技）银奖。2002 年玉米杂交种蒙单 5（哲单 14）选育项目获得通辽市科学技术进步一等奖。

熊铁生，女，1930 年 8 月出生于北京。1953 年毕业于北京农业大学农学系。曾任第六届全国人大代表，多次被评为盟、所先进工作者。

60 年代初，应用玉米杂交育种的理论和技术，从事玉米及甜玉米的优良新品种的选育工作。先后育成"哲黄 5"等优良自交系和"哲双号"、"哲单号"优良杂交种 10 多个，累计推广面积达 300 余万公顷，对促进内蒙古东部的粮食增产起到很大作用。其科研成果获各级科技进步奖 12 项，其中省、部级二等奖 1 项、三等奖 3 项、地区级一等奖 3 项、二等奖 1 项。

张长珠（1932 ~ 2003），出生于山东省滕县，1964 年工作在扎鲁特旗原种场，历任扎鲁特旗原种场科研站站长、原种场场长，扎鲁特旗政协副主席等职务。1974 年从事玉米育种工作，1978 ~ 1980 年赴海南南繁育种，育成哲单系列多个品种，截至 2011 年累计推广 6.67 百万公顷以上，增产粮食 25 亿千克以上，增加效益 30 亿元以上。通辽市首批科技拔尖人才之一，获自治区、通辽市各级奖励 10 余项。

郭志明（1960～　　），1982 年毕业于吉林农业大学，1982～
2001 年在通辽市农业科学研究院从事玉米育种栽培工作，2002 年至
今在通辽市金山种子公司负责通辽市农业科技示范园工作，是自治
区三届作物评审委员会委员。

1983～1986 年，郭志明在钟崇昭老师的带领下，参与了玉米
杂交种黄莫 417 开发研究和高产攻关，黄莫 417 得到了大面积推广
应用，创造了 10 多亿元的经济效益。"七五"期间，郭志明参加选
育出的玉米杂交种哲单 7 号，审定后命名为内单 4 号，到 2002 年年
底，该品种已累计推广 66.67 万公顷，增加社会经济效益 2.5 亿多元。
"八五"期间，任"玉米高产抗病优质杂交种选育"自治区攻关项目
副主持人，成功地选育并推广了哲单 14、哲单 12、哲单 35、36、37
系列玉米杂交种，获经济效益 1108 万元。哲单 14（蒙单 5）玉米杂
交种，1997 年开始大面积示范推广，到 2000 年累计示范推广 34.6
万公顷，新增纯效益 2.3 亿元。"九五"期间，主持自治区重大攻关
项目课题"玉米杂交种选育"，选育出哲单 20、哲单 21、38、39 等
玉米杂交种，至 2000 年年底，累计推广 10.27 万公顷，直接经济效
益 5595 万元。2002～2016 年，共选育出金山系列玉米杂交种 30 个，
其中金山 27 通过国家审定。

1986 年，"玉米杂交种黄莫 417 开发"获哲盟行政公署科技进步一
等奖。"八五"期间，他参加的"春玉米高产优化栽培生理基础及决策系
统研究"和"玉米新品种引进推广"获自治区科技进步二等奖、通辽市
科技进步二等奖。1994 年，获"哲里木盟首届十杰青年"、"自治区优秀
青年"和"全国青年科技标兵"称号。2001 年，哲单 14 选育成果获自
治区科技进步三等奖。发表论文 10 余篇，编著《中国玉米新品种图鉴》
和《实用玉米自交系》两部。

张建华（1970～　），出生于内蒙古通辽市扎鲁特旗，1991年毕业于哲里木畜牧学院牧机系，2003年获得内蒙古农业大学农学系学士学位，2014年获得内蒙古民族大学农学系硕士学位。现任通辽市农科院副院长、国家玉米现代农业产业技术体系通辽综合试验站站长、自治区农作物品种审定委员会委员。

1994年，他提出并组建四大轮回群体和一个广基群体，分别为由Lancaster、Raid、塘四平头、旅大红骨四大系统骨干系组成的轮回选择群体和一个LR大综合群体；筹建了血缘基础基因库，把5000份资源按基础来源及血缘关系进行了划分和分类，对有目的地进行组群和组配具有指导作用；"十五"期间，引进大量热带资源进行热导选系，搜集农家种对现有黄改和兰卡系统进行早熟改良，同时创造新的种质资源；按着美国先锋公司杂优群分类（两边推）原则，把原有4个群体（分别为由Lancaster、改良Raid、塘四平头、旅大红骨四大系统骨干系组成的轮回选择群体和一个亚热带血缘为主的综合群体）重新归类，组建SS和NSS两大群。通过加大选择压力（高密度选择），选择重点放在提高两群耐密性、抗逆性、一般配合力和生育期早熟改良上。1998年开始进行Bao Ⅰ和Bao Ⅱ型不育系的转育工作，已转育常用自交系43个，为今后不去雄制种打下坚实的基础；2002年与美国先锋公司合作，引进美国最先进的IPT育种技术。在种质创新上，利用实践8号卫星，搭载2份材料进行航空辐射诱变；与雷奥科技联合育种，引进美国Pipeline育种技术，与常规育种方法相结合，加大选育规模，每年完成1.5～2万份新杂交组合的测试，将测产与目测有机结合到一起，大大提高了选优系的准确度，从而有效提高了育种速率；从实践8号卫星搭载材料中，成功选育出在配合力和抗病性（抗粗缩病）明显优异的新自交系"哲黄6"。与自治区玉米院士工作站合作，开展单倍体等新型育种技术研究，大大加快自交系的选育速度和种质创新，从而加速了新品种的选育进程。

自"八五"以来，由张建华同志主持参与育成了 20 个玉米杂交种，其中玉米杂交种通科 1 号通过国家农作物品种审定委员会审定，填补了自治区没有国审玉米品种的空白，它的育成使内蒙古自治区区玉米育种整体水平，特别是中早熟玉米杂交种的选育提高到一个新层次。通科 4 号、5 号先后列入国家"863"重点推广的玉米品种系列。20 个玉米杂交种累计推广 166.67 万公顷，增产粮食近 10 亿千克，增加社会经济效益 15 亿元，通过制种给当地群众增加收入近亿元，这些品种的推广区域由通辽地区拓展到内蒙古自治区、黑龙江、吉林、辽宁、山东、河南、河北等地，均表现出适应性广、丰产性和稳产性高、抗病、抗虫、抗倒伏的特点，深受农牧民朋友的喜爱，部分品种一度成为一些地区的主要推广品种，特别是哲单 14、哲单 39、通科 1、通科 3 号、通科 4、淀粉含量均在 74% 以上，这些品种成为国家地理标志产品"通辽黄玉米"的主体品种。

张建华同志从参加工作以来获得多项奖励。1997 年，"优质、高产、抗病玉米杂交种选育"获哲盟行政公署科技进步二等奖。2002 年，"玉米杂交种蒙单 5（哲单 14）选育"获通辽市科技进步一等奖和自治区科技进步三等奖。2003 年，"中国农作物种质资源收集保存评价与利用"获国家科技进步一等奖。2003 年，"主要作物良种选育及产业化技术开发——玉米杂交种选育"获通辽市科技进步一等奖。2007 年，"农作物种子科技工程——玉米高产优质杂交种选育"获通辽市科技进步一等奖。2007 年，"哲单号玉米新品种（哲单 20、21、38、39）及高效种植技术示范推广"获自治区农牧业丰收二等奖。2009 年，"农作物种子科技工程——玉米高产优质杂交种选育"获内蒙古自治区科学技术进步二等奖。2010 年，"国审玉米杂交种——通科 1 号"获通辽市科学技术进步一等奖。2011 年，被评为自治区深入生产第一线做出突出贡献的科技人员。

耕作制度的沿革

　　渐行渐远的老农具，锈迹斑斑的背后藏着怎样的沧桑？透过一张张泛黄的粮票，我们将怎样重新审视制度背后的故事？春播、夏管、秋收、冬藏，在循环往复的四季更迭中，劳动人民的智慧和科技创新的力量将如何震撼我们的心灵？

⑲ 渐行渐远的传统耕作

老农具

　　人类与粮食生产的博弈成为农业文明的重要内容。在这个漫长的过程中，生产工具的进步发挥了极为重要的作用。依靠它，人类得以从繁重的体力劳动中解脱出来；依靠它，新技术有了实施的载体，人类得以实现预想的效果。

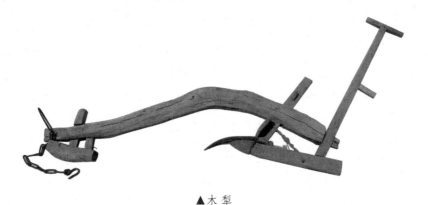

▲木 犁

　　曾在通辽地区百年玉米生产史上使用过的汗渍斑驳的老农具，是我们前辈在生产力相对落后的岁月里，用他们的聪明才智和勤劳的双手精心制做出来的。今天，上了年纪的人看到它，就会回忆起当年从事耕作的情景。农业研究者可以透过这些与我们渐行渐远的老农具，来研究百年来玉米生产中农具与技术的变迁，预见未来的玉米生产。书写它们，留给未来，是很有意义的一件事。

耕种农具：犁、镐、播种箱、石磙子、拉子

　　犁，是用来耕地的农具，是五大农具之一，在中国的农耕工具

中占有重要的地位。中国的犁是由耒耜发展演变而成。耒耜，是一种翻土的农具。用牛牵拉耒耜以后，才渐渐使犁与耒耜分开，有了"犁"的专名。犁耕的发明是农业史上的一件大事，它使个体经营农业终于成为现实，从而为封建农业最后取代奴隶制农业奠定了坚实的物质技术基础。

早期的犁，形制简陋。西汉时出现了直辕犁，到了隋唐时代，犁的构造有较大的改进，出现了曲辕犁。曲辕犁的发明，标志着中国耕犁的发展进入了成熟阶段。我国的传统步犁发展至此，在结构上便基本定型。此后，曲辕犁就成为中国耕犁的主流犁型。

在通辽玉米博物馆展出的是一个早期的木犁，它已经有50年的历史。过去，人们使用这种以人力或畜力为牵引动力的木犁从事农耕劳作，生产粮食。农具是生产力发展的一个体现，犁的发展演变史就是一部生产力发展史。从材质上看，由石制发展为木制和铁制。从动力上看，由人力、畜力发展为机械力。从结构上看，从直辕犁发展为曲辕犁。每一次的进步，都推动了农业生产的发展。100多年来，通辽地区玉米生产水平的提高就是证明。

使用人力来牵引拉犁是一项艰苦的工作，一般一副犁需要四个壮劳力来共同牵拉。三人拉一人扶。扶犁的一定是老把式，否则犁头浅了，耕地效果不好，深了又拉不动。拉的三人也有分工。一根主绳上加两根背绳，主绳一头在犁上，一头在第一个人身上。第一个人的任务是带路把握方向。一根背绳在第二个人身上，他只管出力。另一根背绳在第三个人身上，不但要出力，行进到地头之后，还要帮助扶犁人将犁抬起来调头。最重要的一点是，三人步伐必须一致。同时迈右腿或左腿，不但一致还要有力并掌握好节奏，否则根本拉不动犁。为了生存，人们付出了巨大的艰辛。使用畜力替代人力牵拉木犁，才把人从繁重的体力劳动中解放出来。随着社会的进步和科技的发展，这样的场景已经淡出了我们的生活。

镐，北方常见农事操作中的重要农具，木制的长柄一端固定着尖状或梯形的铁板。在通辽地区，主要用于刨玉米茬子和刨土。过去种地，刨茬子是整地备耕的一个重要环节。用铁制的镐头把地里的玉米茬子刨出来，再归拢到一起

▲镐

运回家作为烧柴。刨茬子是最累人的活儿，一个人抡着一个大铁镐，一干就是一天，晚上回家，浑身像要散架了似的。木犁适合耕种平整的土地，而在坡地和多沙石地区耕种则更适合用镐。镐比犁小巧、轻便，可以用来在适当的位置直接刨坑播种。

播种箱，20世纪中后期，通辽地区农村播种时常用的农具，主要由种子箱、播种盘、支撑轮和传动装置组成。由畜力或拖拉机牵引，替代人工点籽儿，提高了播种效率，现已被大型联合播种机械所替代。播种箱是劳动人民在长期的农业生产中，为了解放人力，提高劳动效率创造发明的。虽然形制简陋，却也是播种作业向轻简化方向发展的一种努力。相比于结构复杂效率极高的现代农业机械，播种箱是一种简单的发明，但在当时的条件下，它解放了劳动力，也提高了工作效率。

▲播种箱

拉子，20世纪中后期，通辽地区农村播种时常用的农具。用来播种后进行覆土，一般与石磙子配套使用，共同完成覆土镇压作业。

石磙子，20世纪中后期，通辽地区农村播种时常用的一种石制农具，有单磙和双磙两种。石磙呈鼓形，两端有洞，使用时把配套的木制方形架固定在石磙上，在覆土后的垄上用人或牲畜拖拉，起到镇压的作用。这个作用在常年刮风的通辽地区是极其重要的，让土壤与玉米种子有了更紧密的接触，提高了出苗率。

▲拉子

中耕农具：锄头、耘锄、喷雾器

锄头，常见的一种农具，主要用于中耕除草、松土等作业。陶渊明的"带月荷锄归"让我们知道了锄头的历史之长。其实，锄头的历史可以追溯到石器时代，只是到了汉代，才有了铁的锄头。

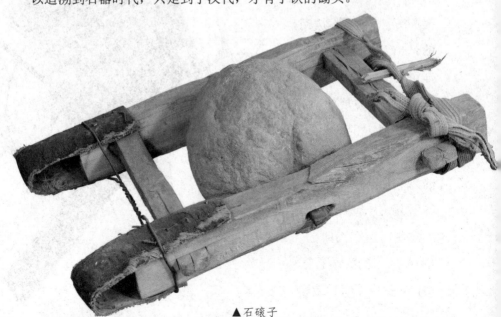

▲石磙子

▼锄头

现代的锄头由锄板、锄杆、锄把三部分组成。锄板前宽后窄，前薄后厚，锄板形似扇面。任何农具形状的形成都是千百年来劳动人民智慧的结晶，其结构的合理只有长期劳作在田间的细心人才能明了其中的奥妙。锄板形状两边尖中间凸，入土快而且省力。锄杆与锄板斜成四五十度的角，锄把大多木制。人们对锄把的选材格外用心，并不是随便找根木棒安上就行，他们多选择质地坚硬不易腐烂的木料。乡下人挑选这样的木料不用费神，房前屋后种满了槐树、榆树等适合做锄把的树木。他们把木料交给木匠，木匠会根据人的身高决定锄把的长短。锄把经过木匠的加工，光洁而秀气，握锄在手，灵巧且顺手。锄头有多种，伺候沙土地所用的锄板就是齐头的。沙土地不像淤土地那样难锄，锄板的设计也不一样。一把锄头，会用上几十年，有时一家几代人都会用它在田间劳作。长期的肌肤厮磨，汗水浸润，锄把油光发亮。你如果在乡下生活一段时间，直觉会告诉你，看看锄头你就能了解这家人的生活态度，小小的一把锄头印证着人们的勤劳和懒惰。

▲耘锄

耘锄，是一种较大型、用畜力牵拉的中耕农具，沿垄沟行进，可起到松土、除草等作用。各地耘锄形状不一，主体多用木制，也有铁制的。锄脚铁制，略呈半月形，有单脚、两脚、三脚之分，对耘锄稍加改装，也可进行施肥和条播大豆、玉米等作业。

▲ 20 世纪 80 年代末使用的背负式喷雾器

喷雾器，是农药在生产中应用之后才开始使用的，是一种将化学药剂雾化后喷施在植株上，防治病虫危害的农用器具。由压缩空气的装置和细管、喷嘴等组成。利用空吸作用将药液变成雾状，均匀喷洒。人们在作业时背负着装满药液的喷雾器行走在田垄间进行喷雾作业，它不仅是一项耗费体力的活儿，如果不注意保护，有时作业者还会中毒。喷雾器的式样和作业效率也在不断的改进，主要是围绕着减轻体力、减少药害和提高药效来改进的。

在 20 世纪大集体年代，喷雾器是一个高 80 厘米、直径 25 厘米左右的圆筒。喷药时，放在地上打足气，再背在身后，等气耗尽，药液雾面变小了，再放在地上打足气，再背起……如此反复，耗力费时，半天打不了几桶药。80 年代初，土地承包权到了农民手中，大集体时的农具也折价分到了各户。那时候，大多是两三户合作分得一台喷雾器，喷药治虫时，两三家农户轮流使用，凑合着用。慢慢地，农民对自家承包地开始科学管理，比谁家的粮食产量高。这样一来，两三家合用一台喷雾器显得力不从心。虫害同一个时期发生，说喷药都喷药，不然就耽误了最佳治虫时间。这样，约从1986年起，大多数人家花个20～30元钱，新买一台背负式喷雾器，这就是完全属于"自家"的"第一台"喷雾器。这种喷雾器克服了从前喷药停住打气的不足，可以背在身后，一手压气，一手握"烟杆"喷药，不耽误时间。夏季天气炎热，一桶药水背在身上，感觉到丝丝凉意。随着种植面积不断增大，以及病虫害逐年加重，喷药次数也随之增多。尤其是1.3公顷（20亩）以上的种植大户，这样一台喷雾器已完全不适应需求了。1994年开始，一部分忙于打工的农民和种植大户们，纷纷花上近千元买了第三代喷雾器，也是第一代的机动式喷雾器。用机动喷雾器喷药，不仅提高了生产效率，减轻了劳动强度，0.33～0.4公顷（5～6亩）粮经作物，也就个把钟头的时间，而且风到、雾到、药液到，背在身后，机器轰鸣，催促着快步向前，就像一部激昂的生产协奏曲。

收获农具：镰刀

镰刀，俗称割刀，是农村收割庄稼和割草的常用农具。由刀片和刀柄构成，刀片呈月牙状。在诸多农具中，最具美感的是镰刀，刀身弯弯如空中新月，刀柄修长匀称，柔美的"S"形曲线使人联想到翩翩的舞者。

过去，在通辽地区，秋季玉米成熟时节，成了镰刀的天下。人在玉米地里，灼热的阳光肆无忌惮地渲泻着它的威力，汗

▲镰刀

水不断从人的脸上、脖子上流下，任何一丝微风和遮住太阳的乌云都会成为人们心头的期盼。玉米地一望无际，人们挥舞着镰刀，把一棵棵玉米放倒之后整齐地码在地里。在田头磨镰使人们得到片刻的喘息，休息的同时仔细打磨镰刀，以便接下来继续干活，正所谓"磨刀不误砍柴工"。乡间的任何农活都隐含着技巧和经验，磨镰看似简单，其实是一件细致的工作，它不仅需要耐心，也需要经验。有的人不谙此道，握住镰刀背面磨几下，正面磨几下，看似利刃上光点灼人，但割不了多少玉米，镰钝如旧，手臂酸痛是自己不认真磨镰所付出的代价。会磨镰的人会把握镰刀与磨石的角度，用力均匀地磨着镰刀的背面，感到刀刃稍微上卷，然后把镰刀翻过来，在磨石上轻轻磨几下即可。

秋收季节是人们最为疲惫的时候，连续披星戴月的劳作把人的体力折磨到忍耐的极限。他们又不想把到手的粮食毁在变化多端的天气中，只有拖着疲惫的身躯继续在田间收割。一把好的镰刀，农民会非常珍惜，用上数十年，仍不舍得丢去。现在，一到收获季节，各种类型的收割机涌入田间，把人们从繁重的劳动中解脱出来。镰刀遭到冷落，在田间再也看不到它潇洒的身影，它被人们丢在一边，浑身裹满岁月的锈痕。

加工农具：手摇脱粒机、石磨盘、石碾子

手摇脱粒机，20世纪70年代，人们发明的一种使籽粒与穗轴分离的小型脱粒机械。由手把、手柄、转

▼手摇脱粒机

轴、轮毂、支板、支架、插板、辐条、护罩、刀架、刀片组成，转轴外套着轮毂，轮毂下边是支架，支架以螺钉固定在木板上，转轴右边是插板和支架，可固定护罩，转轴右端连接手柄的一端，而手柄的另一端是手把，转轴左端是辐条插入孔，辐条的另一端焊在刀架上，刀架上均匀分布着四个刀片固定孔。手摇脱粒机的发明，使脱粒这种农活不再那么辛苦，脱粒效率也有一定的提高。现在它已被新型脱粒机械所取代，只有在边远地区的农家才能看到它的身影。

石磨，远古时要把谷、麦等粮食的壳皮去掉并碾成粉，是一项很繁琐的劳动。自从春秋战国之际的公输盘（即鲁班）发明了石磨，使粮食加工变得容易多了。据报载，1968年在河北满城汉墓中出土了一架距今约2100年的石磨，可见石磨的历史悠久。

石磨是用两块厚重的圆形石盘组成，称为"磨扇"。两块磨扇上下对合，其中央部位凿有磨腔。上扇还凿有填加粮食的孔道，孔道与磨腔相连。在两片磨扇的对合面上，分别凿成凹凸不平的锯齿状，称为"磨齿"。下片磨扇的中心，安置一根向上突出的铁制立轴，上片磨扇的中心，则凿有能套在下扇立轴上的套孔。使用时，推动上

▲石磨

扇的手柄使其旋转即可。石磨的上扇在作旋转运动时，由于其磨齿与下扇的磨齿相互间咬合以及相错，而形成很微小的升降运动，于是上下扇之间便出现了瞬息的齿隙，使加工的粮食通过上扇的孔道不断进入磨齿。

在通辽地区，玉米是种植面积最大的作物，人们常常喜欢吃玉米面儿的煎饼。把玉米籽粒用水泡好，放在石磨上磨面，然后用玉米面儿来摊煎饼。为了增加煎饼的口感，人们常常把玉米和其他如豆子、大米、小米等混合在一起用水泡好，这样磨出来的面摊成的煎饼口味极佳，富含营养。

▲石碾子

石碾子，分三部分，碾磙子、碾盘、碾架子。每当碾子转动时，就会响起"咯吱咯吱"的声音。在通辽地区，每年的腊月和正月十五前，是石碾子最繁忙的时候。将要过年的喜悦伴随着碾子的隆隆声是那个年代独有的庆祝形式。从天刚蒙蒙亮一直响到夕阳西下。人们把用水泡下的黄米碾成面做成豆包，把玉米碾成面做发糕，把荞麦去皮后碾成面做灌肠。虽然那时已有了电磨，人们还是愿意用石碾子，因为碾出来的面软和、筋道。这份喜悦的味道不仅自己享用，也会被分享出去。人们一碾就是几十斤，除少部分留给自己吃外，主要是送人。城里人也都愿意吃乡下送来的豆包、发糕和荞面灌肠，这份味道不仅美味，而且真实，得到与分享同时都是快乐的。

石碾子当时也承载了人们的祝愿。据老人们介绍，到了春节，人们在贴自家春联的同时，也忘不了往碾架上贴一副。除了在节日受到重视外，如果谁家生了孩子，都会在碾架的轴上裹一小张红纸。即使是碾子空闲时，娃娃们爱推着空碾子疯跑，为得是听那碾磙子发出像飞机似的隆隆声。

运输农具：马车、扁担、筐箩、簸箕、背筐、纸糊粮囤

马车，是过去农村常用的运输工具，有大马车和小马车之分。在通辽地区常常用"车老板子"来称呼赶马车的人，车老板子在过去是一个威风又帅气的行当。在大集体时期，当生产队有粮食或者货物需要运输时，车老板子坐在马车车辕上，手中甩动着马鞭，发出清脆的声响，那一举手一投足的赶车架势，就好像是指挥千军万马的将军。现如今，马车早已闲在角落里，滚过岁月的车轮和干裂的车辕静静的伫立在萧萧秋风中。

▲马车

　　扁担，在过去的年代里，是用来挑水或担柴禾的工具。一般是以山里的柞木最为适宜，因为柞木的木质纤维抗拉力较强，挑起水来随着脚步向前移动会有微弱的弹力，不至于死死地压在肩头，感觉行走自如。挑扁担可不是谁都能拿得起来的活儿，需要挑担人的协调性和巧劲儿。挑担人利用迈步向前时，负重的扁担所产生的微弱弹力掌握行进速度与节奏，看起来轻快如飞。在农村，妇女负责一家人的吃饭和饲喂猪狗鸡鸭，所以挑水的活儿经常由妇女来进行。尽管有了扁担会省一些力，可是那毕竟是几十斤的负重啊，于是结了婚的女人经常会央求丈夫、未出嫁的女子会央求家里成年的兄长能帮忙挑两桶水，自然，同意帮忙挑水的男子大丈夫此时就会步履如飞，两桶水一会儿便立到家里的水缸前。扁担，这个最不起眼儿的发明，让艰苦的岁月充满温情与希望。

▲笆箩

笸箩，是20世纪农村生活中常用的盛谷物的一种器具，用柳条或篾条编成，其大小、方圆、深浅等形制因用途而各异。

笸箩的功能比较单一，大多做容器用，有正方形、长方形和圆形三种类型。长方形的笸箩足有人们睡觉铺的褥子那么大，能放大约50千克（百八十斤）粮食。砸碾时，把麦子或玉米先砸碎，用箩将面粉箩在笸箩里。笸箩里放个箩架，箩架在箩架上面，箩面可以节省不少力气。砸完碾，面粉就盛在笸箩里了，做饭时，从里面舀出一些即可。笸箩还可以晾晒食物。乡下人蒸窝头喜欢一次蒸好多，时间长了怕坏就先放在笸箩里晾干。

篚箕，作为器具，是用藤条、去皮的柳条、竹篾、作物秸秆等编成的半笸形器皿，早期统称为篾箕。与笸箩相比，篚箕的用途要广泛得多，在砸碾过程中扮演的角色也很重要。它不仅能盛放物品，还具备清分、鉴别、隔离、扬弃等功能，放到现在就是一台多媒体电脑，差不多什么事都能干。比如在石碾上砸麦子，要先用篚箕将麦子过滤一下，滤去其中的草屑和砂石，箩完面粉后还要用气除去麸皮。尤其是砸玉米，因为有时要吃玉米碴，这就要用篚箕将面与碴分离开。这些动作的总称都叫"篚"，离了篚箕任何其他家什都不能胜任。"篚"是一种很吃功夫的技巧动作，两手握住篚箕的两边，运匀了力气往起颠。一样的"篚"，有人就能把篚箕里的东西一分为二区分得清清楚楚，有的人无论费多大力气也做不到，而且一生都学不会，你说怪不怪？离开石碾，篚箕的用途也不少，夏天气温高，有些东西怕热，就把篚箕串根绳子吊在房梁上当风扇用；谷场上，可以用篚箕将麦子、谷物铲起来装在口袋里。

▲篚箕

▲背筐

　　背筐，在北方，编背筐是使用一种叫作柳条的东西，实际上并不是柳条，而是被人们俗称为子孙槐的类似荆条的植物，学名是紫穗槐。每到秋季，紫穗槐成熟了，各家各户会分到一部分，把枝叶整理好后，人们便拿着紫穗槐枝去专门编筐的人家编自己需要的筐。

　　撮子，北方广泛使用的一种工具，一般为铁制，有木制或铁制的横梁。在室外收集粮食或颗粒物时使用，室内使用的多为塑料材质，轻便美观，和笤帚一起来打扫地面。

▲撮子

纸糊粮囤，是用来盛装玉米面等粮食的器具。用荆条编织的毂架，内外用花色纸多层糊制，防潮防蛀，经久耐用。

▲纸糊粮囤

其他：斗、升、叉子、马夹板、牛样子、套包子

　　斗与升，是过去农村常用的谷物计量器具。斗有正方体和正台体两种造型，斗的中间设有一根横木杠，与口齐平。这种设计既便于提携，又可在称量时，用刮子将堆高的粮食刮平，保持计量的准确。在计量中，十升等于一斗。升又叫升子，呈正台体，木制，上口大，下底小，四个侧面是四个标准的梯形。

　　过去，这个米斗无数次出现在晒玉米的场地里，如今已难得一见，只在一些收藏者间流通。农人家的斗，一般用桐木、核桃木等制成。桐木质轻，属低劣木材。核桃木木质较硬，耐磨，还算上等。米斗是富商所有。当年农民卖米、买米的时候，都要经过斗量。商人把米装进米斗，装得满满的，然后用一根木尺样的木片把米堆刮平，就是一斗。有的奸商往往备有几个米斗，外表看上去一样，可里面有区别，有的装得多，有的装得少，利用这一点，购进的时候用"大斗"，卖出的时候用"小斗"，一进一出，利润就来了。细细看这尘封的米斗，虽经年月更迭，但依然结实无任何松动，它所承载的历史与记忆，是任何东西都无法替代的。

▲斗

叉子，农业或牧业所用工具，最早为木制，用于整理茅草、麦秸、花生稞、山芋秧等农作物收割完后剩余的散乱秸秆。由木柄、金属叉齿组成，木柄长约 1.2 米，叉齿通常有 3 根、4 根或者 5 根。

▲叉子

木锨，木制，长柄，多用于扬场，在侧风向采用扬撒方式，使灰尘、碎叶脉等杂物随风飘走，也可冬日铲雪。

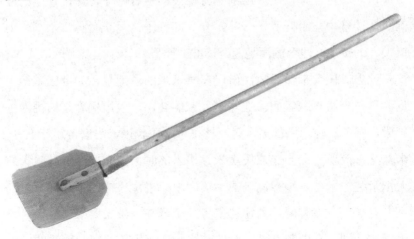

▲木锨

马夹板，马具。一般夹在马脖子两侧，与套包子成套使用，后面有绳拴在车或犁上，便于马拉车或拉犁。

套包子，方言，指北方常用的马具，套在牲畜脖颈上以备拉车、推磨之用，防止马夹板对牲畜造成皮肤擦伤，起缓冲作用。有内用玉米苞叶编织，外用布裹着的，也有用布缝制而成，内装鬃、糠等。

▲套包子　　　　　　　　▲马夹板

牛样子，耕地驾车时，套在牛脖上的曲木，便于牛的上肩部用力量拉车。牛样子状如"人"字形，约半米长。简陋的一般用"人"字形的树杈做成，也有找木匠制作，需要挖榫眼凿洞眼，契合比较牢固。

▲牛样子

春播

农谚有云：清明忙种麦，谷雨种大田。每年谷雨节气一过，广袤的通辽大地上，就会涌动起一年一度的春播热潮。在北方，作物的生育期较短，所以，春季人们都会抢抓播种的农时，为作物生长争取更多的积温。所谓"一年之计在于春"，春播在整个玉米的生长过程中是一个十分重要的节点，能不能抓全苗，能不能达到苗齐、苗匀、苗壮是决定玉米苗期成败的关键。

在通辽，每年的 4 月 20 日左右，是播种玉米的季节。春雨贵如油，一两场小雨过后，柳树便抽出了淡绿色的嫩芽，布谷鸟儿高唱着"布谷、布谷"，催促农人播种，柔软的小草也在不经意间冒出了头，悄悄为大地增添一抹春天的气息。有经验的农民会抓一把土，看看墒情适不适合播种。宽厚的手掌用力握住一把土再放开，如果土在手掌上均匀地散开来，保持着团粒结构，这就说明土壤墒情正适合播种。

此时你如果行走在田间，就可以看到这样一幅现代春播玉米图。

▼ 20 世纪 50 年代通辽地区春播场景还原

辽阔的土地伸展向天边，田野上散布着匀速开动着的大型联合式播种机，土地早已用机械平整好，伴随着机器的轰鸣声，只有两三个人在田间作业，播种这样辛苦精细的活计，完全被联合播种机替代了。走在田间的人多数是检查播种质量和指示机械作业范围的。所以，老百姓常常说，现在种大苞米省事，人往地头一站，拿着化肥和种子等机器来就行。待确定施肥量和播种密度之后，需要做的就是调整机械，确保实际的播种量和株距是按照要求操作的。在机械调试完成之后，就开始正式进行播种。播种机沿着起好的垄不急不缓开过去，一路上播种器按照调好的株距一粒一粒地播下种子，然后由覆土器覆土，肥料则被施于种子的侧下方，几步操作一气呵成，最后用镇压器镇压保墒。整个过程细致、繁复却秩序井然。现在有些地区还配合着节水增产的膜下滴灌。一家种几十亩地，用机械也就是一两天的时间。联合播种机，把播种的各个步骤一次性完成，作业精准。而在以前，这些步骤需要人们挥汗如雨地用双手完成。

就拿 20 世纪 50 年代来说，播种之前，人们还要刨茬子、送粪、扬粪和准备种子，也就是人们常说的备春耕。在上一年收获之后土地上冻之前，人们用镐头将苞米茬子刨出来，将土敲干净，用耙子搂成堆之后，就地焚烧或运回家中当烧柴。北方的冬季漫长，天寒地冻。农民常常在冬季把家里的粪用牛车送到地里，堆成一堆堆的，来年春天化冻前把粪肥扬开，力求撒匀。农民常说的"庄稼一枝花，全靠粪当家"，就是这个道理。此外，准备种子也是非常重要的，俗话说"种子不好，丰收难保"。所以，每当播种之前，农民都会精心的准备种子，种子要好还要备足。

那时候，种地的机械没有普及，小型拖拉机也是罕见的，条件好的大队会有几头耕牛。为了抢时间，天刚蒙蒙亮，人们就开始干活了。人或牛拉着木犁开沟，如果是人拉犁，就需要 4 个人来完成。如果是牛或马拉犁，还需要一个经验丰富的扶犁手。这就可以看出来，撇开工作效率不谈，单是从出力上看，一匹马顶得上 3～4 个壮年劳力甚至更多。所以，人们是心疼牲畜的，聪明的人们用玉米笣叶编成了套包子套在马脖子上，然后再带上马夹板，防止在拉犁的过程中马脖子被马夹板磨破。

沟要开的笔直，才能方便接下来的点种。点种人跟在犁杖后面，左手挎着盛装种子的小筐，右手抓一把种子，配合着两脚向前迈步点籽儿，右手每次点出两粒种子，随即脚步便踏了上去，将籽儿与土压实，就这样，在手与脚的配合下前行在垄沟中点播着种子。点种也需要经验，每次两粒，多了浪费，少了保证不了出苗。一般，这个环节大多数由细心的女人来完成。直到播种箱的出现，这种情况才改善了一些。播种箱的应用解放了人们的双手，提高了播种效率。现在，一台播种机，无论是 4 行还是 8 行的，都能实现精量点播，每穴一粒，不多不少，6 万～6.75 万株 / 公顷。而在那个年代玉米的种植密度比现在的 1/4 还要少，一公顷种植 1.5 万株左右。拉拉子的和拉石磙子的人相继跟在点种人后面，完成覆土和镇压。

尽管 50 多年前通辽地区的降雨量比现在多，但也是处在一种靠天吃饭状态。所以，人们大多祈求风调雨顺的好年景，希望有个丰收年。遇上干旱的年头，人们除了挑水浇地，也没有其他办法。后来，为了解决干旱带来的苦恼，才慢慢开始打井，有了水车。那时地下水位高，用锹挖几米就出水，所以打井必须选择冬天，否则夏天挖到一定的深度，水冒出地面人们就无法打井。冬天一边挖一边打，挖出来水就不打，等水冻上再接着打，这样一点一点地打好一口井。井打好以后，架上水车，春天和夏天两个人轮番蹬车就可以浇地了。现在，人们研究出多种灌溉方式，如大水漫灌、低压管灌、膜下滴灌、大型喷灌等，每种灌溉方式适合不同地区的不同状况，做到了因地制宜、节水增粮。

对于通辽的农民来说，现代的机械化早已取代了曾经春播的辛劳，你追我赶的劳动场景也不再出现，似乎少了些什么，但唯一不变的是人们心中对"丰收"的无限期冀。

夏管

玉米种下之后的几天里，农民是最担心的。如果遇到连雨天，温度下降，地里的种子有可能发霉腐烂。正常情况下，15 天左右，玉米种子就能萌发出土了。只有见到苗出得全，出得齐，人们的一颗心才算安稳地放到肚子里。

一分耕耘一分收获，为了仓箱满贮的秋天，整个夏季是异常忙累的。在机械还没有普及的 20 世纪 70 年代，中耕管理靠的是一双手，一把锄，一头牛……炎热的夏季，是玉米生长最旺盛的季节，也是人们一年当中最忙最累的时候。玉米出苗后，为了避免秋苗之间相互争夺养分，农民最先做的便是间苗。在每个苗穴中，锄掉多余的苗，留下一棵健壮的苗。同时锄掉田间的杂草，避免杂草和幼苗争抢阳光和养分。在没有除草剂的年代，人们用锄头来除草。锄板被设计成不同形状，有方形、梯形、半月形等。最常见的是半月型，薄薄的，中间宽两头尖。锄刃被人们用磨刀石仔细打磨，这样锄头才能入土飞快，锄地才能锄得到位。

▼ 20 世纪 70 年代通辽地区夏管场景还原

每当锄地的时候，天刚蒙蒙亮，人们就顶着露水戴上草帽扛着锄头下地锄草，行垄株间必须锄得干净。农民锄地的时候也是很有讲究的，两手一前一后握紧锄柄，眼睛看着下锄的地方，避开秧苗。第一锄要稍深些，锄到草根，腰稍弯，然后稍加用力往后一带，草被连根斩断。锄得太深浪费力气，锄得太浅，草又死而复发。所以，农民锄地看似简单，其实它需要经验的积累和不断的练习。一个不会锄地的人去锄地，草锄不净还会累得满头大汗。而经验丰富的农民就会轻松许多，不伤苗，草也锄得干净。到了锄地的时节，家家户户都是忙碌的，一锄就是一整天，壮年劳力中午不回家休息，女人们中午做上饭菜送到地里，锄地的人吃上一口继续干活。只有这样，才能抢出时间把地锄完，不至于让草长过苗子。

通辽地区降水多集中在 7 月至 8 月，铲过头遍后，一般会有降雨过程，雨后的玉米田，经过太阳照晒，土壤表面干燥板结。为了尽快提高地温并减少水分蒸发，人们就在个时间耪地。耪地就是用马或者小四轮拖拉机拉上耘锄在行间进行浅耕，被耪过的地块，干燥的土壤表面被打碎，行间的杂草也被锄得干净。

有了水和肥，田间杂草依然会跟玉米苗争抢养分和阳光，这时农民就开始锄第二遍地了。铲地和耪地依次进行，铲耪结合，可以除草，增加地温，保持田间水分，所谓"锄下有水，锄下有火"，对玉米生长极为有利。经过两次铲和耪，玉米植株开始健壮的生长起来，田间的杂草已经竞争不过玉米了，这时候，勤劳的农民通常还会铲第三遍地，在通辽地区，管理玉米就有了"三铲两耪"的说法。最后一次铲地完成后，夏天里一项重要的活儿才算完成，人们能够歇上几天，这时人们是轻松的。所以，有人也称这个时间为"挂锄"，锄头挂起来，就不需要铲地了。现如今，地一种完，各户就打除草剂，老百姓叫"打封闭"，一直到秋天，地里基本没有大草，夏锄基本绝迹了，锄头也很少见到了。

在玉米拔节之后，还需要追肥。把追肥时间定在这个时候，是因为追肥和中耕培土需要同时进行。追肥时一个人用镐头在距植株10厘米的位置刨坑，另一个人把化肥装进筐或桶中，在刨过的坑中扔上一小把，每次一棵苗，直到把家里的地施完肥为止。

20世纪80年代开始应用单交种及配套的模式化栽培技术，玉米的种植密度比50年代增加了许多，达到27000株/公顷。要施完所有的地，每个人的劳动量是可想而知的。一块地的肥料全部追完之后，进行中耕培土，中耕培土是用马拉犁进行深耕，将行间的土翻盖到肥料上。如果玉米长得过高，会给马造成视觉障碍，马下不了地，耥地和追肥就进行不了。

在玉米生长过程中，主要的虫害有地老虎和玉米螟。当虫害发生的时候，会导致玉米减产。人们将玉米皮或麦麸子炒香之后，拌上辛硫磷制成毒谷，在播种时撒到苗穴里，对地老虎进行防治。对付玉米螟则是在玉米大喇叭口期的时候，用农药和土拌匀之后灌芯叶，可以有效地防治玉米螟。

在今天，中耕机械已经走进农村，如打药机、铲耥机、施肥机械等。一台机械短时间内可以同时完成多项作业，工作效率提高了很多。目前，一家一户的经营模式，多使用小型农机具，大型联合机械多数被应用到大型农场当中。到了中耕时节，村里各家各户花钱雇佣中小型机械进行中耕，管理变得轻简许多。

在十年九旱的通辽地区，灌溉是农田管理的重要环节。农业灌溉最古老、最广泛、最主要的一种灌水方法是传统的地面灌溉，即让水从地表面进入田间浸润土壤，也叫漫灌。这类灌溉方式耗水量大、水的利用率低，是很不合理的灌溉方式。随着水资源短缺，漫灌已经逐渐被注重精确灌溉的现代节水灌溉技术所取代。通辽地区的灌溉走过了大水漫灌、低压管灌这样的阶段，当年为了适应大水漫灌，人们采用畦田种植，现在多采用膜下滴灌等节水灌溉技术，

滴灌管随着播种作业放置在玉米田的行垄间，灌溉的时候，只需打开阀门，水就会一滴一滴地、均匀而又缓慢地滴入作物根区附近土壤中。由于滴水流量小，缓慢入渗，主要借助毛管张力作用扩散，是最为节水和有效的灌溉方式之一。在有条件的地区，还实现了肥水一体化，人们种地更加简便、高效。

过去的农民都知道"种早管好，丰收牢靠"的道理，所以，整个夏天，宁愿汗珠子摔成八瓣儿，也会不辞辛苦地忙碌在田间，为的就是一个丰收年的到来。

秋收

在人们的期盼中，秋天如约而至。通辽的秋天，天高云淡，大片的玉米地变成了金色的海洋，行走其间，仿佛闻得到玉米成熟的香味儿。沉甸甸的玉米棒子低垂在玉米秆上，仿佛秋天里带着淡黄色围巾羞涩地低着头的女子，恰似那一低头的温柔，诱惑着收割机为之轰鸣，为之忙碌，为之欢歌。

联合式收割机的轰鸣声仿佛军乐队奏出的行进曲，过去费时费力的收获作业，在这样的庞然大物面前变得轻而易举。收获机行进在待收割的玉米田中，玉米植株被吞入收获机腹中，果穗经机器剥皮被抛送到果穗箱内，苞叶和秸秆也被粉碎均匀抛洒于地面，等待秸秆还田，秸秆还田是培肥地力和疏松土壤的有效技术。运输机械将装满箱的果穗运送到各家的晒场中屯放晾晒，整个机械作业过程井然有序又高效，农民只需要支付一定的机械租赁费用。一般情况下，待玉米水分降到安全水之后，收粮人就会来到村上。农民与收粮人谈妥价格之后，收粮人就会把脱粒机开到农民家中，脱粒、装

走进通辽玉米博物馆

THE TONGLIAO CORN MUSEUM

▼ 20世纪80年代通辽地区秋收场景还原

袋、过秤、付款，玉米商品化的过程变得简单、迅捷。

农机与农艺结合的现代农业的发展不仅节省了劳动力、降低了农事操作强度，而且还提高了农业生产效率。现在，通辽市的农业机械化水平比较高。通辽地区土地平坦，耕地集中连片，种植作物品种以玉米为主，玉米常年播种面积达到耕地总面积的80%。这对发展机械化非常有利。自从2004年以来，国家出台了《农业机械化促进法》以及一系列配套政策，对农民和农业生产经营组织购买国家支持推广的先进、适用的农业机械给予直接补贴，这使得农民及企业购买高价格的农机具压力减小。尤其是近年各类农机合作社成立以来，农机合作社直接参与指导农民耕种，为农户提供机耕、机播、机收"一条龙服务"，为农机的快速发展提供了强大的推动力。

然而，对于生活在20世纪80年代的农民来说，收获可不是一件轻松的事情。收获之前，人们心里都憋足了劲，自己辛苦大半年的时间来伺候田地，自家的地肯定不比别人家的差。每当收获季节到来，只要村中有人动第一刀，玉米的收获才算真正开始。一人动则全村动，其他人家都会跟着第一个收获的人开始收获。收获就像打仗一样，从清晨忙到深夜。

清晨，人们吃过饭带上镰刀，赶着马车或者开着拖拉机到地里开始收获。到了地头，人们会砍下一捆秸秆放在马车前，让马吃饱后准备拉车。男人们拿着事先磨好的镰刀开始收割。他们要在地头割倒一小片玉米秆码放好，这样接下来割地的人才会有足够的空间转身和挥舞镰刀。其他人在地头一字排开，每人几条垄，需要把玉米秆一棵一棵地割下来，放倒并码放整齐。

收获的时节是镰刀的天下。每个人都有自己称手的镰刀，人们格外爱惜自己的镰刀。刀钝了，就会坐下来抽袋烟，取出磨刀石磨刀。会磨刀的人先用磨刀石在刀刃的一侧打磨，待刀刃微微上卷，在另一侧轻轻打磨几下，一把镰刀就变得锋利。磨刀看似再简单不过，但不会磨刀的人只会把刀磨得更钝。和机械相比，用镰刀收获不仅费时也费力。再好的刀，再壮的劳力，一个人一天顶多能割 0.3 公顷（4 亩）地。一家如果种 3 公顷地，要早起贪黑地奋战 10 多天。如果把扒玉米的时间也算上，要忙活 40 多天。地多劳力少的人家还会雇佣工人来收获，中午管饭，工钱按天计算。被雇佣的工人需要从天刚亮一直干到天黑，一天要干上 12～13 个小时。

因此在过去，每当收获时节，学校都会让孩子们放下书本，休几天农忙假，帮助家里收地。女人和孩子们的工作是把玉米果穗从秸秆上掰下来堆放好，老人们再将玉米秸秆捆实垛好。待一块地的玉米果穗全部被掰下来之后，所有人一起装车运送到家中，这样一块地才算收获完毕，接下来是另一块。直到太阳落山，女人才会提前一会儿回到家中生火做饭，等待收获的人满载而归。到了晚上，一家人围坐在玉米堆旁，一边剥玉米一边聊天。老人们给孩子们讲动听的故事，大人们议论今年的收成，寻思着还有没有更高产的品种，毕竟比起辛苦侍弄庄稼，种植高产的品种才能有更多的收入。人们说着笑着，直到深夜。就这样，直到把所有地块的玉米都收回家，扒皮仓储之后一年的活儿才算干完。

人们是享受收获的，收获的时间越长，证明这家人的地越多，打的粮食就越多。此时虽然劳累，心中却满是欢喜，连老人和孩子都跟着忙里忙外，人们总是不约而同的来到田里，收获时男人女人都浑身是劲儿，比谁家收得快收得多，就连小孩子也会随着大人跑前跑后，学着大人的样子在干活，老人碰到一起总会夸奖这些孩子懂事。农村人淳朴善良，乡里乡亲之间相处得也很和睦，他们会自愿帮未收完地的邻里乡亲们收地，而且不要工钱，在农村叫作"出义工"。人们见面总有说不完的话，脸上的笑容总是那么真实，他们的心里像阳光一样光明磊落。

冬天，卖过粮食之后，人们手里有了钱。有的人家会给儿子娶媳妇，这需要一笔不小的开销。没有喜事的人家会置办一些家用和一冬天的吃穿用度，还得筹备来年的种子化肥钱。精打细算的女人们需要算计好每一笔开销，所以，农民们的玉米卖出个好价格，盘算好接下来的日子和明年开春的事情，他们才会睡得安稳。

秋收，忙碌之中伴随着喜悦。每颗晶莹剔透的玉米籽粒中，都有人们一抹真诚的目光和宽厚而不知疲惫的笑容。它是一家老小吃喝用度的倚仗，也预示着娶妻生子的喜庆吉祥。秋收在季节的末梢，绽放出春华秋实的美丽……

耕作制度的沿革

㉒ 农机与农艺结合的现代耕作

20 世纪初，以汽油和煤油为动力的拖拉机迅速取代蒸汽拖拉机并用于农业生产。农用拖拉机开始成为独立的机械类型，奠定了现代农机化事业的基础。从此，农业文明告别了以"冷农具"为主要劳动手段的时代，进入了一个以机械动力为特征的"电热农具"新时代。

▲ "876"生产技术——8个统一

20 世纪众多现代科学技术，交织在农业生产中产生了巨大的影响，比如生物技术、生命科学和化学技术的发展使得新品种培育、栽培技术、化肥和农药的研究得到空前的关注。但是，再好的品种、再好的技术，如果没有农业机械作为技术载体是根本无法实现预想效果的。于是，农机与农艺相结合就成为现代耕作的显著特征。进入 21 世纪以来，通辽地区的农业研究者坚持农机与农艺相结合的思路与目标，在玉米研究与生产上，注重农艺与农机功能协调发展，促使通辽农业实现传统农业向现代农业转型，这在通辽市"十二五"期间实施的《800 万亩高产高效粮食功能区建设》项目中得到充分体现。

2012 年通辽市成为全国 100 亿斤粮食地级市之一，玉米播种面积占通辽市耕地面积 80% 以上，达到 120 万公顷，年总产玉米 60 亿千克。面临干旱、土壤板结等各种制约因素，如何进一步挖掘玉米增产潜力，实现可持续发展。通辽市政府决定通过实施项目建设，实现五个转变，促使通辽由传统农业向现代农业转型。受市政府委托，通辽市农业科学研究院制定了《高产高效节水增粮栽培技术规程》应用于项目区，简称"876"生产技术。

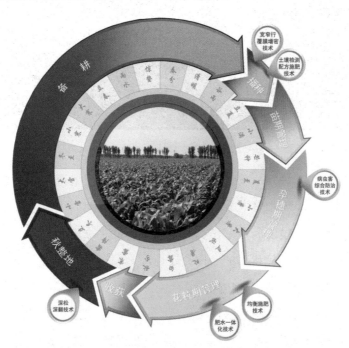

▲ "876"生产技术——7 步流程、6 项关键生产技术

"876"生产技术强调了农机与农艺的结合，置统一机耕于基础和根本地位。"8"是八个统一的简称，即统一品种、统一播种、统一配方施肥、统一田间管理、统一防治病虫害、统一收获、统一秸秆还田、统一机耕。"7"是指玉米生产要遵循的备耕、播种、苗期管理、穗期管理、花粒期管理、收获、秋整地七步流程。"6"则包括了宽窄行覆膜增密技术、土壤检测配方施肥技术、病虫害综合防治技术、均衡施肥技术、肥水一体化技术、深松深翻技术。

▲深翻机械

　　深松深翻技术。土壤是农业生产重要的自然资源。通辽玉米主产区的土壤类型主要有灰色草甸土、风沙土、栗钙土、栗褐土四种土壤类型，土壤的质地与结构决定着土壤的生产能力。多年来，由于小型农机具的浅耕作业，使通辽地区土壤逐渐产生了一个坚硬的犁底层。通辽市井灌区土壤耕作层仅为12～15厘米，再向下便是坚硬的犁底层，植株容易产生倒伏、干旱、感染病虫害等情况，严重制约着玉米生产。采用大型深松深翻机械，可以有效打破犁底层，降低土壤容重、增加耕层厚度，提高土壤保水性能，平衡水、肥、气、热，有利于玉米根系发育，增强植株抗倒性，增加土壤蓄水量，起到节水增粮的效果。目前，通辽地区自主研发的深松联合整地机与我国农业生产实际相结合，配套大马力四驱拖拉机使用，可达到深松深翻目的，满足播种要求，大大降低了作业成本。2011～2015年，国家玉米产业技术体系通辽综合试验站累计建立了深松深翻示范基地3个，技术核心区6.67公顷，技术辐射面积累计2万公顷。

▲联合整地机械

　　肥水一体化技术。水资源是农业生产的命脉，由于气候干旱加剧，通辽地区地下水位连年下降，节水增粮行动在广大玉米产区普遍实施。2012年，在科尔沁区、开鲁县、科尔沁左翼中旗建成0.67公顷集中连片玉米膜下滴灌示范区，至2015年，全市建成17.33万公顷集中连片高产高效节水农田。节水方式根据各地区的水利设施和地形条件而有所不同，主要有全膜覆盖、膜下滴灌、大型喷灌、低压管灌几种模式。全膜覆盖主要应用于奈曼、扎旗、库伦等农田基本水利设施不健全地区，膜下滴灌主要应用于科尔沁区、开鲁、奈曼、科尔沁左冀中旗粮食功能区内。与低压管灌相比，膜下滴灌每公顷省水51%，省工45个，省地14%，省电58%，肥效增加20%，每公顷增收4500元至6000元。大型喷灌主要应用于水利项目或农田基本建设比较完善的示范区内。低压管灌与喷灌和滴灌相比，一次性投资较低，要求设备简单，管理方便，农民易于掌握，适合通辽大部分地区。

通辽地区农民在玉米生产过程中普遍采用一次性施肥的方法，俗称"一炮轰"，导致肥料过度使用，土地板结，不利于玉米植株对养分的吸收。肥水一体化技术，配合膜下滴灌及相关机械，在玉米生长发育不同时期进行多次定量施肥和浇水，从而达到水肥利用效率最大化的目的。

▲大型喷灌机

宽窄行覆膜增密技术。通过改变匀垄种植为大小垄宽窄行种植，合理的增加单位面积植株数量，是玉米增产的有效途径。宽窄行覆膜增密技术针对通辽气候条件和品种特性，确定了当地合理的种植密度。宽行行距 70 厘米，窄行行距 35 厘米，每公顷种植 8.25～9.0 万株，使玉米植株生长在通风透光的环境中，达到光合效率最大化。覆膜的作用是增加地温，减少水分的地表蒸发，减轻杂草危害。

病虫害综合防治技术。玉米在整个生育期会遭遇 30 多种病虫危害。通辽地区玉米的主要病害有大斑病、小斑病、灰斑病、弯孢菌病、黑粉病及丝黑穗病等，斑病一般发生在玉米生长后期，种衣剂的使用降低了黑粉病和丝黑穗病的发生。所以，病害一般不需进行防治。虫害分为地上害虫和地下害虫两种，地下虫害主要有地老虎、金针虫、蝼蛄、蛴螬等，播种时使用毒谷可以有效地抑制地下害虫危害。地上害虫对玉米的危害较大，主要有玉米螟和黏虫。玉米螟大发生年份，会减产 20% 以上，黏虫大发生会使整块田地绝收。我市每年仅玉米螟一项虫害就减少玉米产量 10 亿千克。玉米病虫害具有常发性和社会性，病虫害综合防治技术强调以村为单位的统防统治。一般采取白僵菌封垛、设置频振式杀虫灯诱杀、田间释放赤眼蜂，药物颗粒剂灌芯等措施控制玉米螟为害。

21 票证年代的记忆

1949～1992年是我国计划经济时期，那时商品供应极为匮乏，国家为了保障供需平衡，对城乡居民的吃穿用等生活必需品实行计划供应，按人口定量发行了粮票、布票等专用购买凭证，这些凭证通称为"票证"。票证种类繁多，有粮票、布票、油票、棉花票、鱼票、肉票……当年，没有票证，有钱也寸步难行，生活中如果缺少票证，日子就会没法过。票证在那时被人们视为"命根子"，那个年代也被称为"票证时代"。

▲全国通用粮票

粮票是"票证时代"的一个典型代表，它的出现、存在以及消失，是票证年代的一个颇具代表性的特殊记忆。粮票是中国1953～1993年发行的一种购粮凭证。那时有一种关系，叫"粮食关系"。对于拥有城镇户口的居民来说，"粮食关系"与城镇户口同等重要。倘若居民想到另外一个城市工作，除需办理户口转移手续外，还必须办理"粮食关系"的转移。没有粮食关系，等同于没法吃饭。同样，如果没有粮票，只有钱也等同于没有钱，因为没有粮票就买不到粮食。20世纪50年代至80年代，中国城镇居民物质生活水平不高，人们的肚中很难存下油水，有的人家甚至吃了上顿就惦记下顿。一般人家未到月底，家里的粮食就吃空了，"粮票刚好够花，根本攒不下来"。在这种情况下，被俗称为"粮本"的粮食供应证，和户口、结婚证变得同等重要，往往被珍藏家中。

▲内蒙古自治区地方粮票

那个时代，上班的人如果要出差去外地，不仅需要准备钱，更重要的是准备粮票。由于全国各省的粮票都不相同，并且不能流通，所以到外地去时，必须用本地粮票兑换"全国通用粮票"。这种"全国通用粮票"，就是"硬通货"和"外汇"，仅用本地粗粮票是不能换到的，需要搭配米票、面票和油票，才能换到，而且还需要单位开证明。可以这样说，在粮食极度缺乏的日子里，最宝贵的是粮票，第二才是钱。你可以用粮票换到钱，但却很难用钱买到粮票。

为什么粮票会出现在那个年代？这要从1953年说起。新中国成立之初，国家掌握粮食，以征收为主，市场收购为辅，并且征收比例逐年缩小。到了 1953 年，农产品成为稀缺资源，供不应求的局面加剧，甚至一度引发粮食危机，粮食问题成了党和政府高度重视的问题。当时的政务院副总理陈云在中共中央政治局扩大会议上谈到，一些主要产粮区未能完成粮食收购任务，而粮食销售量却在不断上升，全国粮食情况非常严重。如不采取坚决措施，粮食市场必将出现严重混乱局面。其结果必将导致物价全面波动，逼得工资上涨，波及工业生产，预算也将不稳，建设计划将受到影响。这不利于国家和人民，只利于富农与投机商人，严重威胁新生政权的稳定和工业化战略的实施。他集中精力，深入研究解决粮食购销问题，最后他向中央建议采用农村征购，城市配给的方案，名称叫作"计划收购"，"计划供应"，简称"统购统销"。这样，1953 年，中共中央做出一项重大战略决策，就是对粮食等农产品实行"统购统销"。并公布了《关于粮食统购统销的决议》、《关于实行粮食的计划收购和计划供应的命令》，粮食流通体制从此进入长达 31 年的统购统销时期，粮票开始登上历史舞台。

粮票的出现，"统购统销"制度的出台在那个年代是具有积极作用的。新中国建立初期是历史上前所未有的粮食需求急剧扩大，而供给相对不足的时期。通过统购统销，由国家直接控制农产品资源，大大提高了国家的行动能力，并促进了新生国家政权的稳固。主管中央财经工作的薄一波对此评价说，统购统销制度，在那种条件下，确实是"粮食定，天下定"，粮价稳定是整个物价稳定的关键。物价稳，则国家稳。后来，我们国家遇到"大跃进"和"文化大革命"那样的灾难，这两次大灾难中所以没有出现更严重的局面，应该说，与统购统销制度发挥的积极性作用也是密切相关的。

50 年代后期到 80 年代初，堪称是一个票证疯狂的年代。各地的商品票证通常分为"吃、穿、用"这三大类。全国 2500 多个市县，还有一些镇、乡都分别发放和使用了各种粮票，进行计划供应。

中国的粮票种类数量有"世界之最"的说法。

票证的出现是时代的需要，票证的退出顺应了社会的发展。1978年改革开放带来了经济的快速发展，再加上粮食连年丰收，全国其他地方也逐步取消了粮食定量供应。在粮票谢幕之前，更早开始销声匿迹的是各类商品票证。1993年4月1日起，各地区按照国务院《关于加快粮食流通体制改革的通知》精神，取消了粮票和油票，实行粮油商品敞开供应。从此，伴随城镇居民40年历程的粮票、油票等各种票证完成了谢幕演出，转而进入了收藏者的藏册。到了1994年，全国各地基本取消粮票，票证时代彻底终结。

如今，票证成为了珍贵的实物档案资料，也成为了收藏家手中的新宠。它的"入场"和"谢幕"，曾标志着两个时代的开始。一张张票证记录了每个家庭的柴米油盐酱醋茶的朴实生活，和中国几十年来的经济发展轨迹。

耕作制度的沿革

㉒ 家庭联产承包责任制

20 世纪 70 年代末到 80 年代初，在中国广大农村实行的家庭联产承包责任制，作为农村经济体制改革的第一步，突破了"一大二公"、"大锅饭"的旧体制。家庭联产承包责任制的推行，做到了个人付出与收入挂钩，农民生产积极性大增。它解放了农村生产力，开创了我国农业发展史上的第二个黄金时代，中国也因此创造了令世人瞩目的用世界上 7% 的土地养活世界上 22% 人口的奇迹。这项被人们誉为"中国农民伟大创造"的改革，在党的"十一届三中全会"以后，逐步在全国推开。到 1983 年初，全国农村已有 93% 的生产队实行了这种责任制。

1980 年 11 月 12 日至 21 日，盟委（现通辽市委）召开各旗县市委主要负责人和公社书记会议。会议期间盟委书记阿拉坦敖其尔作了"因地制宜、分类指导，建立健全生产责任制"的讲话。此后，

▲ 1980 年哲里木报

▲ 1981年12月通辽市扎鲁特旗香山乡中心屯村民交流大包干致富经验

全盟普遍实行了各类形式的包产到户或包干到户，广大农村逐步解决了温饱问题，走上富裕之路。现将当年通辽地区《哲里木报》上的原文摘抄几段，供读者品读。

《包产到组超产归己》

（1980年9月20日，星期六，第二版，刘梦杰，戴靖伟）

通辽市建国公社清河一队解放思想，放宽政策，采取"包产到组，超产归己"的办法，调动了社员的积极性，秋白菜长势胜过以往任何一年，成为全社一流好菜。

清河一队是通辽市郊区有名的落后队，多年来生产上不去，社员收入很低，严重挫伤了社员劳动积极性。今年六月公社党委为了改变这个队的落后状况，帮助这个队充实了领导班子，总结了经验教训，进一步放宽政策，让社员在经济上得到实惠。在今年的秋菜管理中，采取了"包产到组，超产归己"的办法。生产队提供种子、化肥、农药，机电井统一使用，犁杖和地块固定到组，秋收后每亩交白菜2500千克，计工71分，超产部分全归自己。采取这个方法以后，社员看到有产可超，有钱可捞，劳动积极性空前高涨。各小组都起早贪晚，及时浇水、施肥、防虫，做到四铲三耥。从目前白菜长势看，每亩可产七八千斤，比过去增产二至三倍。人们看到这种情况都说："放宽政策是发展生产、由穷变富的灵丹妙药。"

《实行专业承包联产计酬，生产更上一层楼》

（1980年11月9日，星期日，第二版，鸿流）

▲ 1980年哲里木报

　　科左后旗协尔苏公社东五家子大队，是个以大队为基本核算单位的大队。他们为了促进农林牧副渔各业全面发展，今年在大队统一领导、统一计划、统一经营、统一核算、统一分配下，实行了"专业承包，联产计酬"的生产责任制。分别成立了农业、林业、牧业、副业、渔业、机务等专业队，一律实行以产值计酬的办法，大队在年初对各专业队定出收入，各专业队对专业组，专业户、专业工也都定出具体的计酬标准和奖励办法。实践证明，他们实行"专业承包，联产计酬"的生产责任制有如下好处：

能充分发挥集体经营的优越性，又能比较好的落实按劳分配政策。这个大队的二队猪场有劳力九个，按规定每交一元钱，队里给记二分八厘工。今年这个猪场卖了五十只猪羔，五口肥猪。猪场还采取换工的办法，种了四百亩地，收绿豆五千斤，玉米一万斤，瓜类万斤左右，黄豆三百斤，谷子五万斤和萝卜三万斤。全年可收入两万元左右，可计工五千六百个。渔业队有个叫赵玉民的社员擅长种树，队里就让他专门种树，插条活一百棵，就记一分工，今年他可完成三十多万棵，可得工分三千多。有利于促进农林牧副渔综合经营，向专业化生产发展。这个大队有比较好的水源条件，但过去只重视粮食，忽视了其他各业，今年他们扬长避短，注意发展渔业生产，今年可产鱼一万五千斤。同时，他们还种了一百多亩水稻，买了二百四十四只鹅，养殖业也发展起来了。有利于进一步降低生产成本。大队对各专业队实行费用包干。今年全大队生产费用按所包的指标计算，占总收入的百分之二十三，比去年降低了百分之一点六。

《葫麻丰收》

赛汉乌力吉仙筒公社扎干他拉大队一队社员胡国化和李凤香两人包种的三十亩葫麻获得丰收，比去年增产百分之三十。

今年一开始，生产队落实生产责任制时，对经济作物实行了以产计酬包给个人的办法。当时三十亩葫麻没人包。五十多岁，身体有病的社员胡国化考虑到自己身体弱，到大田作业恐怕跟不上，就去找种葫麻比较有经验的青年女社员李凤香商量，他俩要承包这三十亩葫麻。生产队同意之后，规定到秋收每交一斤葫麻，记一分五厘工。

生产责任制落实之后，他二人积极性很高，早整地，适时精心播种。小苗出土之后，他俩起早贪黑的侍弄，间苗、除草。为了能及时浇上水，他俩就利用浇大田社员休息的工夫抢浇。小苗越长越好，真是喜人。可是，天不作美，六月二十日下了一场雹子，把蓖麻有的打没了叶，有的干脆打死了，他俩看到自己辛苦侍弄起来的幼苗被雹子打成这样，心急如火。但是他俩不灰心，不减志，打歪的扶正，缺苗的补苗。功夫不负有心人，蓖麻又长起来了。他俩及时修枝打杈，终于使蓖麻获得了丰收。不但为集体做出了贡献，也为自己增加了收入。

《实行专业承包联产计酬，灾年得丰收》

（1980年12月2日，星期二，第三版）

扎鲁特旗香山公社双龙泉大队第三生产队实行专业承包，联产计酬生产责任制，调动了群众积极性，在全社遭灾减产的情下，仍获得好收，集体增收，社员富裕。

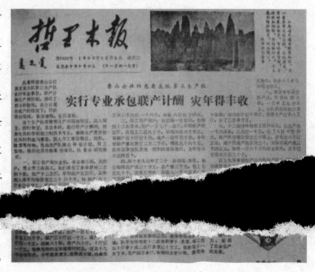

▲ 1980 年哲里木报

这个生产队在管理生产中因地制宜、因人制宜、因时制宜，灵活多样，推行联产计酬制。按照社员的劳动能力和技术专长，兼顾生产需要和社员的利益与愿望，因人分工承包粮豆、油料、蔬菜等作物。先由生产队提出种植计划、用工安排，然后社员自报承包项目，队委会研究确定。

一、包工包产到作业组：李全章小组，共四户，男女劳力各四人。他们承包了集体耕地二百四十亩，包产十二万斤，平均亩产五百斤。从种到入库平均每亩包工二十六个半。每超产五十斤多记十分工，减产一百斤罚十分工。今年实产十三万斤，超产一万斤，得奖二百工日。四个男劳力除种这二百四十亩地外，还给队里干零活、拉打小麦又挣工二百四十个，加上农业作业的总工日二千个，平均每个男劳力一年的劳动日四百多个，女劳力劳动日一百多个，劳动日值一元四角。

二、包工包产到劳动力。两个男劳动力包种一百亩地，其中大豆二十亩，亩产一百七十斤，每亩包工六个半。超产三十斤记一个工，减产六十斤罚一个工；胡麻八十亩，亩产六十斤，十斤记一个工。他俩包种的这块离村较远，过去十几年没啥收成，今年虽遭灾害，但收成不错，他俩得工日二千六百一十六个和八百五十四元。

三、包工包产到户。赵忠顺一家五口，包种四十三亩玉米，包产一万七千二百斤，平均每亩产四百斤，共包工二百八十个，平均每亩六个半工。今年实际产量达到二万二千斤，得奖九十六个工。

173

用统一组织的劳动项目，全年劳动日达四百个。

……定每四元产值……仅收入一千五百元，没有完成原定包产指标，但按四元产值记十分工，每个老头仍得劳动日一百九十个，还赶上了没有搞专业承包的其他劳动力全年所得工分。

五、两个男劳力包种黄烟十四亩，每四斤烟记十分工。实产黄烟二千三百斤，每人得工二百八十七个。

六、一个有种大头菜专长的社员和一个女劳力包种十四亩大头菜，亩产四千斤，每一百三十斤记十分工，包产五万六千斤，实产六万一千斤。

七、社员赵发致残以后，集体劳动他赶不上趟，队里包给他家十二亩地种萝卜、芥菜，每二百五十斤萝卜或二百斤芥菜记十分工。他家老小一齐下手，实产四万多斤，除领回全家口粮、蔬菜等实物外，还有八十多元的现金收入。

八、曾当多年会计的尹春，如让他跟大帮，一百个工也挣不上。小队包给他白菜十五亩，每四百斤记十分工。结果实产白菜八万斤，挣了二百多个工。

九、十二亩园田包给了两户社员，包总产值一千六百元，二元记一个工，包了八百个劳动日。超产部分奖百分之二十现金，百分之八十计工分，减产罚减产值百分之十。实际完成产值二千四百元，除得一百六十元的现金奖励外，还多记劳动日三百二十个。

以上九项承包包产以内和超产部分全归生产队统一分配。实践证明，实行专业承包联产计酬的生产责任制，有如下好处：充分发挥了统一经营的优点，调动了社员从事集体生产的积极性，可以确定生产队经济主体地位，较好地落实了按劳分配政策，适应社会分工协作的生产经营特点，以便于向更科学、更合理的分工责任制发展，有利于人尽其才，物尽其用，地尽其力，促进了⋯⋯

小贴⋯

新时期家庭联产承包责任制的思考

矛盾与问题总是伴随着发展而产生。这项适应了当时我国农业特点和生产力发展水平的农村经济体制改革，随着市场经济的发展和土地使用权的流转，已呈现出许多问题，再次成为人们热议的焦点。普遍认为：诞生于改革开放初期的家庭联产承包责任制，对于中国农业的发展做出了很多的贡献，但它的潜力已经基本上被挖掘殆尽，要想使中国的农业发展更上一个台阶，土地规模化经营是一个必然的趋势。

首先，由于中国长久以来工农业产品剪刀差价格政策的实施和农药、种子、化肥等生产资料价格的飞涨，一家一户的家庭联产承包责任制不能进一步提高农民的积极性。其次，由于耕地面积狭小，农民还在沿用传统手工劳动工具，机械化大生产既不合算，也不可能，生产效益低下。第三，一家一户的家庭联产承包责任制不便于农业的综合治理。实行了家庭联产承包责任后，村民更加关心的是个人自家的田地，而对于修建一些公共水渠和抗旱水坝等水利设施积极性不高，由于这些基础设施的缺乏，结果又加剧了自然灾害的严重性。另外由于土地分散经营，各自为政，在对于水源的利用和病虫害的防治方面也存在一些弊端。第四，家庭联产承包责任制分散了土地的经营权，使得中国的农业效率非常低下。美国 1 个种田的人可以养活大约 100 个不种田的人，而在中国 1 个种田的人只可以养活 0.5 个不种田的人。一家一户的家庭联产承包责任制造成了人力资源浪费，降低了农业的竞争力。

另有分析认为，家庭联产承包责任制从制度层面也存在缺陷，亟需改革。第一，农村土地产权不明晰。现行的农村土地所有制结构是在 1962 年实行的"三级所有，队为基础"的制度上确定的。"三级"即"组，村，乡"。从法律上看，界限十分清楚，但具体到实践中，却无法操作。第二，权利寻租，损害农民利益。第三，超小规模的家庭经营使中国农村经济带有浓厚的小农经济色彩，使我国农业生产长期滞留在半自给自足的自然经济阶段，导致农产品生产成本过高，缺乏市场竞争力，经济效率低下。第四，一方面，承包制使许多农民不能真正离开土地，安心从事非农产业。另一方面，又使得安心从事农业生产的农户不能通过扩大生产面积取得规模效益。因此，承包制既阻碍了广大农民真正从土地上解脱出来，又阻碍了农业的规模化、集约化经营。如果政府不能从根本上、从制度上解决种田不赚钱的现实问题，解决农民的贫困问题，光依靠延长承包期是不管用的。

玉米的综合利用

　　以玉米为食，是人类对玉米最基本的利用方式。深加工业这个魔术师，又是怎样让它千变万化后应用于造纸、医药等与国计民生息息相关的领域？玉米胚芽油为什么会被人们誉为"深海鱼油"？玉米这个来自美洲的瑰宝，吸引着人们去开发。

㉓ 璞玉生香——玉米的传统利用

　　玉米这一来自美洲的古老作物，由于其广泛的适应性和高产的特性，逐渐成为通辽地区主要的粮食作物。人们精心栽培玉米，是为了获得更充足的食物来源。20世纪80年代以前，由于物质匮乏，大米与白面等细粮还很少，人们一日三餐主要是以玉米为食。玉米籽粒被加工成玉米碴和玉米面儿，少量也用来鲜食。玉米秸秆除少量用于垫圈、喂养牲畜，部分用于堆沤肥外，大部分都作燃柴来利用，玉米穗轴也主要作为燃柴。米糠是玉米籽粒加工过程中的副产品，具有丰富的营养。人们用米糠和秸秆饲喂牲畜家禽，通过过腹转化生产肉、蛋、奶。人们还利用秸秆或者玉米苞叶来编制垫子等草编生活用品及工艺品。食用和饲用是人们对玉米传统利用的主要特征。下面这些已经淡出人们日常生活的老物件儿，曾经是加工制作玉米食品的得力工具。

石碾子、石磨

　　在电磨还没有走进人们生活的时候，石碾子和石磨就是加工玉米碴儿和玉米面的最好器具。玉米碴儿可做成饭或者粥，玉米面儿可做成玉米面糊糊，还有玉米面大饼子、窝窝头和菜团子等。在玉米少的时候，人们采些野菜剁碎加到玉米面中，做成

▲ 石磨

菜团子，不仅解决了粮食少的困难，吃起来还别有一番风味。

每年腊月，村子里的女人们忙着碾玉米面儿和玉米碴儿，这是非常辛苦的活儿。玉米籽粒用石碾子反复推、碾，然后再过筛六七次之多，才能加工成又细又均的玉米面。由于人们主要以玉米为食，所以要碾很多玉米面和玉米碴，一家有时往往需要推上两三天才能推完。如果是人力推碾子和磨，用不了多长时间就会累的满头大汗，腰酸背痛。从闪着星光的清晨开始推碾子，一直推到黄昏日落星光又现，也不知推着碾子转了多少圈。尽管推碾子这样辛苦，可在很多人童年的时光里，劳累中却充满了乐趣。推着碾子不停地转，每一圈都转成童年的一个梦幻，转成一个难忘的记忆。

▲ 木饸饹床

饸饹床子、咯豆板子、爆米花机、风匣

金灿灿的玉米养育了通辽人，那份对玉米的感情自然是难以言表。但玉米本身的口感远不及大米和白面，经常吃会感觉"烧心"、不舒服。在那个年代，除了玉米其他细粮很少。家里的老人为了让孩子和家人能够吃得饱、吃得好，把粗粮细做，发明了好多新方法，比如饸饹床子，咯豆板子，还有爆米花机。用它们加工制做出的玉米饸饹、咯豆子口感改善了不少。年龄稍长的人可能还会怀念起当

年一家人围坐在木炕桌前，其乐融融地享受美味的情景。现在，玉米饸饹和咯豆子可不是轻易能品尝得到的，得需要到较偏远一点的村镇才能找到记忆中的美味。

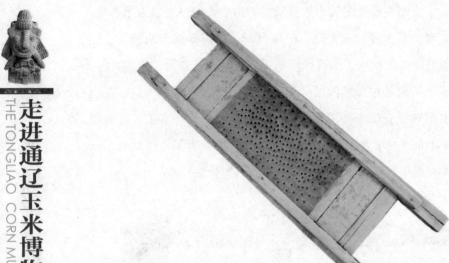

▲ 咯豆板子

　　饸饹面有玉米面饸饹和荞面饸饹之分，口感与味道也不相同，但都是用饸饹床子这个器具做出来的，它们是通辽当地的特色食品。把和好的玉米面儿或者荞面放入饸饹床子的圆形缸筒内，反复泵压手柄，器具压迫使面条从缸筒下方的许多小孔压出，待压到一定长度后用筷子把面条截断，下进锅里煮熟后配上各种浇头或打卤食用，一般玉米面饸饹配上韭菜鸡蛋卤子，荞面饸饹配上猪肉酸菜卤子最受当地人欢迎。

　　咯豆子是玉米面或者杂粮面用咯豆板子做出来的玉米食品，面条成圆形，约有两厘米长。首先把玉米面儿发好，微微带有一些酸味的时候，揉成面团放在咯豆板子上用力向下压，圆圆的面条从咯豆板子下方露出落入翻腾的开水锅内直到煮熟，用漏勺捞出放入凉水盆中。待卤子做出后，将凉水中的面条捞出放入碗内加上卤子就可以食用了。咯豆子劲道爽口，配上相应的卤子更是美味。卤子可以依据自己的喜好制作。一般有肉丁酸菜、蘑菇鸡丁、香菇肉丁、西红柿鸡蛋卤等。

▲老式大炮手摇爆米花机

　　早期的爆米花机，在孩子们的眼里的确是非常有趣的东西。蹦爆米花的人坐在小板凳上，神态自如地一手摇着爆米花机，一手摇动鼓风机。过一会儿就看看炉子上的压力表，那神情严格专注，小孩子们都屏住气息等待着。又过了一会儿，师傅便沉稳起身，双手揭开爆米花机的密封盖儿，随即"砰"的一声，小孩子们一边用小手捂着耳朵，一边高兴地蹦起来，两眼紧紧盯着那香甜可口的爆米花从长长的布口袋里被倒出来，就像变戏法一样，神奇得很。很多年过后，这些已经长大的当年的小孩子们常常有这样的感叹：早期的爆米花机，对于成长于那个年代的人们来说，就是一场视觉的盛宴和美味的记忆。虽然现在蹦爆米花的方式不一样了，但是爆米花这种美食，也是玉米带给我们通辽人最温馨、最值得记忆的一种食物吧。

▲风匣

风匣，也就是风箱。木风匣，是村庄烟火的催生者，是村里人日常生活中不可缺少的重要工具之一。它伴随人们过着清贫而自足的日子，是村庄永远的记忆。烧火做饭的时候，手握风板的手柄，拉出来，推进去，拉出来，推进去，就这样反反复复无数次，直到一锅水烧开，或一顿饭做熟……而说到烧火做饭，当时的黄金搭档当数木锅盖，火候儿够而香味儿浓，贴的玉米锅贴儿香飘四溢。

带玉米图案的酒壶和瓷碗

通辽市位于内蒙古自治区东部，与辽宁、吉林接壤，因此语言和生活习惯带有典型的东北特点。通辽的气候四季鲜明，冬季漫长而寒冷。忙碌了大半年的人们，到了北风刺骨、白雪皑皑的冬季终于可以闲下来了。邻居、朋友们来串门儿，主人一般都招呼客人炕上坐，里边暖和着呢。到吃饭的时候，大家围坐在木炕桌边，一边喝酒，一边唠嗑儿。桌上摆满了热气腾腾的猪肉炖粉条和玉米面儿大饼子，就连喝酒的酒壶和饭碗都印着玉米的图案或被做成玉米造

型的，聊的话题也往往是
谁家收了多少玉米，
卖了多少钱，明年
打算种什么玉米品种
等。玉米浸透着人们辛
勤的汗水，承载着一家人
生活的期望，因此被人们所喜
爱。就从名字上来看，为什么叫玉
米呢？金黄色像玉一样晶莹剔透，让人感觉到很金贵，所以人们给
他起了这个名字——玉米。玉米，同样也是很有情趣的东西，就连
爱偷吃玉米的老鼠，也因为玉米而富有一种人情味了，为什么呢？
如果家里穷得连老鼠都不上门，那可不是什么好兆头。只有丰收了，
老鼠才能到你们家来吃玉米，因此老鼠也就有了"发财鼠"的别称。
所以，人们非常喜欢老鼠与玉米造型的各种摆件。玉米还有一个很
重要的功能——烧酒，因为玉米是那个时代相对比较多一些的粮食，有的人家就用自己家的玉米烧酒。一家人或者是亲朋好友来了以后，烫上一壶酒，端着玉米酒壶，看着窗前成堆的玉米，喝着玉米酿的酒，心里是美滋滋的，喝的是小脸儿通红。

183

▲酒具

玉米瓮、苞米叶圆垫、煤油灯

陶玉米瓮是用泥土浇制的罐子，用来盛放酒、水等的容器，也可用来盛放粮食，防止受潮霉变或被老鼠啃食等。

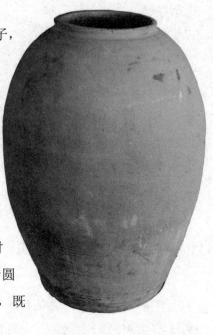

苞米叶圆垫，顾名思义是用苞米叶编制而成的圆形垫子。玉米收割之后，就可以用苞米叶做成许多圆形的垫子。每年编玉米辫子的时节是大家最快活的时节，大家都搬到户外，坐在苞米叶圆垫子上围成一圈，手里忙着活计，既方便又凉快。

油灯，制作其实很简单，用铁皮卷一个三四指长、筷子尖粗细的小铁管，再用铁皮剪一个铜钱大小的圆片，中间钻个洞套在小铁管腰部，然后用麻纸或棉线搓了灯芯穿入小铁管，再找个墨水瓶放进去就算做成了。煤油灯下，一家人围在一块儿吃着粗茶淡饭，聊着家长里短，一边筹划着明天、后天的事，打算着远的日子，近的生活。而那种团团圆圆的温馨氛围也与煤油灯摇曳的灯光一起，装满了房间。多少个绵绵细雨的秋日，收回的玉米像小山一样堆在屋子中央，需要一个个剥出来。煤油灯下，一家人围着玉米堆一直到深夜，当觉得又困又饿，昏昏欲睡之时。长辈会拣来几穗未熟透的玉

▲苞米叶圆垫

米抠下粒儿来炒了分下去，大家吃着玉米，再猜个谜语，逗个乐，一个个便又渐渐精神振作起来，睡意消了，饥饿没了，不知不觉的，"玉米山"越来越小，金黄的玉米垛在每个人的身边越码越高……

▲煤油灯

米生黄金——玉米的现代利用

食用

　　玉米曾经是人们餐桌上的主食，但随着人们生活水平逐步提升，玉米渐渐远离了餐桌。近年来，人们已经尝到了食物过于精细而带来的不良后果。于是，人们的饮食观念再次发生变化，玉米又重新回到了餐桌上。

▲通辽玉米博物馆现代玉米食品展区

　　玉米除了含有碳水化合物、蛋白质、脂肪外，还含有丰富的无机盐和维生素。玉米中的纤维素含量是大米、白面的 4～10 倍，能加速肠道蠕动，预防便秘。另外，玉米中丰富的镁能抑制癌瘤的发展，增强血管弹性，促进机体排出毒素。目前，玉米的开发利用已被各国所瞩目，许多发达国家将其视为一种时髦的保健食品，称其为"黄金食品"。最早将玉米制成罐头的是美国，后来很多国家效仿。德国等发达国家均把玉米去胚后作为制作啤酒的原料，更多国家则将玉米制成片状，经过烘烤、油炸做成油炸玉米片。目前，我国的玉米已经从食用为主转向以饲料消费为主，每年有近78%的玉米被用作畜禽饲料。现在我国一年消耗的饲料玉米相当于1949年玉米总产量的8倍，这些玉米转化成肉、蛋、奶和水产品，成为今天人们餐桌上一日三餐少不了的食品来源。近年来，玉米在烹调中使用越来越广泛，主要用于煎、炸、熘、烩、炒或制成馅料，由于其口感鲜嫩，可配制的菜品较多，故有"黄金食品"之称。

在通辽当地，有一家专门以玉米为原料做美食的饭店，他们采用新的研磨工艺，用磨出的玉米面儿制作成饺子、馅儿饼等过去无法烹调出的新式食品，每天总是顾客盈门。通辽玉米博物馆也特别推出一桌"玉米宴"，让参观者亲自品尝和体会玉米的新鲜与美味。

心灵手巧的通辽人以玉米为原料，开发出各种玉米食品，最值得一提的是，堪比"深海鱼油"的玉米胚芽油已经走进了千家万户。玉米油是由玉米胚加工制得的植物油脂，主要由不饱和脂肪酸组成。其中亚油酸是人体必需脂肪酸，是构成人体细胞的组成部分，在人体内可与胆固醇相结合，呈流动性，参与正常代谢，有防治动脉硬化等心血管疾病的功效，玉米油中的谷固醇具有降低胆固醇的功效，富含维生素E，有抗氧化作用，可防治干眼病、夜盲症、皮炎、支气管扩张等多种疾病，并具有一定的抗癌作用。除上述特点外，玉米油还因其营养价值高，味道好，而深受人们欢迎。

玉米深加工

随着新技术在玉米加工业中的应用，玉米的潜能越来越多地被人类开发出来。21世纪以来，玉米加工产业正向生产高附加值的现代玉米产品方向发展。加工技术综合化、加工工艺现代化，产业链由开放型短产业链向封闭型长产业链方向发展。

玉米丰富的籽粒特性决定了它具有特殊的加工用途，以玉米为原料的加工业，加工空间大、产业链长、产品丰富。以世界上玉米产量和深加工总量第一的美国为例，开发玉米产品有3000多个。中国玉米加工业起步较晚，如今已开发了上百个产品，主要集中于乙醇、淀粉以及化工醇等相关领域。在玉米深加工过程中，玉米籽粒和玉米芯被逐层分解并加工成产品，产生的废渣、废液被加工成肥料使用，或者直接进入土壤后分解成二氧化碳和水被玉米生长再利用，进而形成一个工业加工与农业生产相结合的生态循环链。

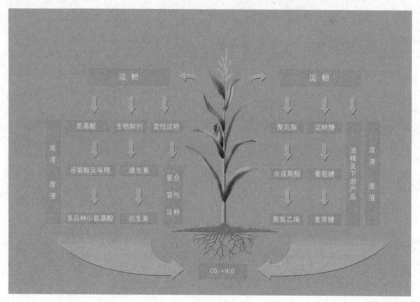

▲通辽市玉米产业链循环模式

通辽市依托玉米资源优势，以科尔沁区和开鲁县两大工业园为代表的玉米深加工产业集群正在快速发展，集聚了以梅花味精为代表的170多家玉米深加工企业。截至2013年，通辽市年加工玉米6亿千克，年产值约300多亿元，年利税约30亿元，成为内蒙古自治区最大的玉米生产加工基地和东北地区较有影响力的玉米交易市场。玉米生物科技产业已经成为了通辽地区经济发展的支柱产业之一，玉米深加工产品达100多种，主要有淀粉、淀粉糖、变性淀粉、氨基酸、酒精、酶制剂、调味品、医药用品、化工产品等。

　　淀粉和乙醇是玉米加工的初级产品，而附加值较高的氨基酸、淀粉糖、聚乳酸、抗生素等多是由这两种产品精加工而成。

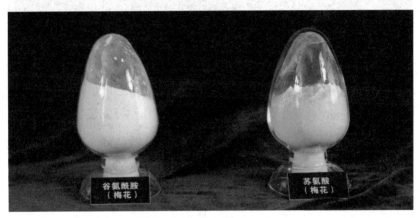

▲氨基酸

　　氨基酸是构成蛋白质的基本单位，赋予了蛋白质特定的分子结构形态，使蛋白质分子具有生化活性。而蛋白质是生物体内重要的活性分子，包括催化新陈代谢的酵素和酶。不同的氨基酸脱水缩合形成肽，是蛋白质生成的前体。目前，氨基酸主要用于调味品、饲料、食品添加剂、药用、保健、化妆品及其他用途。全世界氨基酸产量中作为调味品及食品添加剂的约占50%，饲料添加剂约30%，药用、保健、化妆品及其他用约为20%。由于氨基酸需求量大，价格贵，世界各大氨基酸生产国的厂商积极发展氨基酸生产技术，抢占世界市场，竞争十分激烈。我国对药用氨基酸及其衍生物的需求量和富含氨基酸饮品需求量也十分巨大。

淀粉糖可分为液体葡萄糖、结晶葡萄糖、麦芽糖浆、麦芽糊精、麦芽低聚糖、果葡糖浆等，可用于制药、造纸、保健品、酿酒等行业。淀粉糖消费领域广，消费数量大，是淀粉深加工的支柱产品，长期以来广泛地应用于诸多行业。近年来，伴随着玉米深加工，食品工业的发展以及酶制剂等生物技术的进步和人们消费结构的变化，我国淀粉糖行业取得了显著的发展，朝着多品种、个性化、专一化、规模化发展，产量大幅增加，品种结构日益完善。

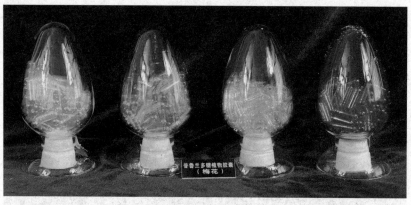

▲普鲁兰多糖胶囊

聚乳酸是以乳酸为主要原料聚合得到的聚合物，原料来源充分而且可以再生。聚乳酸的生产过程无污染，产品可以生物降解，能实现在自然界中的循环，因此是理想的绿色高分子材料。由于聚乳酸制成的产品能生物降解，生物相容性、光泽度、透明性、手感和耐热性好，因此用途十分广泛，可用作包装材料、纤维和非织造物等，目前主要用于服装业和医疗卫生等领域。挤出级树脂是聚乳酸主要的市场应用，主要用于大型超市里新鲜蔬果包装，其次用于一些宣传安全、节能、环保的电子产品包装上，目前已经是聚乳酸应用的主导方向。然而，聚乳酸的挤出加工却并非易事，仅适合在一些先进的聚乳酸挤出成型机上进行加工，且挤出片材的厚度一般在

0.2 ～ 1.0 毫米范围内。加工过程中，如果没有适宜的结晶设备，边料的回收也是一大难题，这也正是市场上有大量聚乳酸边角料在流通的原因。

变性淀粉是在天然淀粉所具有的固有特性基础上，为改善淀粉的性能、扩大其应用范围，利用物理、化学或酶法处理，在淀粉分子上引入新的官能团或改变淀粉分子大小和淀粉颗粒性质，从而改变淀粉的天然特性，使其更适合于一定应用的要求。这种经过二次加工，改变性质的淀粉统称为变性淀粉。目前，变性淀粉的品种、规格已达 2000 多种。

支链淀粉是普通玉米淀粉经过变性而形成的，它的用途很广，食品、纺织、造纸、化工、铸造、建筑和石油钻井等工业部门都离不了。在国际市场上，支链淀粉的价格远远超过普通淀粉。在食品工业中，增稠剂、悬浮剂、纸张增强剂、黏结剂等的制作都需要大量的支链淀粉。

乙醇是一种有机物，俗称酒精。安全、清洁是乙醇的主要优势，第一代生物能源正是乙醇（俗称"汽车酒精"）。1925 ～ 1945 年间，乙醇被加入到汽油里作为抗爆剂。这类乙醇是使用粮食或者甘蔗作为原料，通过淀粉或者蔗糖发酵得到的。乙醇的用途很广，可以制作成醋酸、饮料、香精、染料、燃料等。在国防工业、医疗卫生、有机合成、食品工业、工农业生产中都有广泛的用途。乙醇还可以调入汽油作为车用燃料。乙醇汽油也被称为"E 形汽油"，我国使用乙醇汽油是用 90% 的普通汽油与 10% 的燃料乙醇调和而成。它可以改善油品的性能和质量，降低一氧化碳、碳氢化合物等主要污染物排放。

抗生素主要是由细菌、霉菌或其他微生物产生的次级代谢产物或人工合成的类似物。主要用于医疗，还应用于生物科学研究、农业、畜牧业和食品工业等方面。它可以直接作用于菌体细胞干扰细胞的代谢作用，主要用于治疗各种细菌感染或致病微生物感染类疾病，一般情况下对其宿主不会产生严重的副作用。公元前 1550 年，古埃及就有医生用猪油调蜂蜜来敷贴，然后用麻布包扎因外伤感染而发炎红肿的疾病。但当时并不知道这么做的医学意义在于抑菌。1867 年，英格兰外科医生李斯特首创石炭酸（化学名为"苯酚"）消毒法，使手术后感染的死亡率由 60% 下降到了 15%。

维生素是生物的生长和代谢所必需的微量有机物，分为脂溶性维生素和水溶性维生素两类。前者包括维生素 A、维生素 D、维生素 E、维生素 K 等，后者有 B 族维生素和维生素 C。人和动物缺乏维生素时不能正常生长，并发生特异性病变，即所谓维生素缺乏症。由于维生素对人类生命活动的重要作用，人类很早就意识到它的存在。早在古埃及时，人们就发现进食某些食品可以避免患夜盲症，但是那时人们还不知道它的具体机理。随着分析科学和医学技术的进步，越来越多的维生素被发现，人们开始用字母来区别不同的维生素，出现了维生素 A、维生素 B_1 等名称，在汉语中，曾经使用维生素甲、维生素乙这样的说法，但现在已经基本不再被使用。

秸秆转化

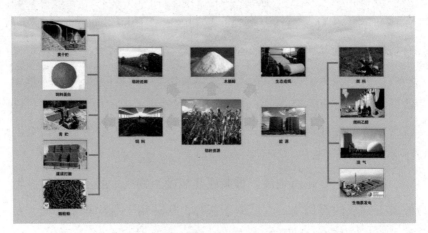

▲秸秆转化利用

中国农民对作物秸秆利用的历史悠久，很早人们就开始把秸秆用于垫圈、喂养牲畜，堆沤肥和燃柴等。20世纪80年代以前，由于耕地面积少、作物产量低，秸秆数量少，秸秆除喂养牲畜外很少用于燃烧。但是现在，玉米种植面积扩大，秸秆总量也随之增加，除用作饲料外，许多地区在收获之后对秸秆就地焚烧，这使得秸秆成为环境污染的新源头。随着科技进步与创新，人们为秸秆的综合开发利用找到了多种途径，除传统饲用、焚烧还田外，秸秆还被加工提炼成饲料、蛋白、食品、工业产品等，除此之外还走出了汽化、发电、乙醇生产、造纸、秸秆建材等新路，提高了秸秆的利用值和利用率。截至2012年，通辽市年产玉米秸秆2880万千克，转化率达75%。

玉米秸秆做成的饲料不再是简单的切割和粉碎，而是为了更好的储存以及更适合牲畜吸收，通过加工和增加微量元素等工艺制作成了揉搓打捆、颗粒粕、青贮、黄干贮等饲料，提高了秸秆的利用率。

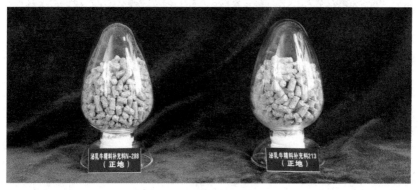

▲颗粒粕

秸秆发电是秸秆优化利用的最主要形式之一。秸秆是一种很好的清洁可再生能源，每2000千克秸秆的热值就相当于1000千克标准煤，平均含硫量只有3.8‰，而煤的平均含硫量约达1%。在生物质的再生利用过程中，排放的二氧化碳与生物质再生时吸收的二氧化碳达到碳平衡，具有二氧化碳零排放的作用，对缓解和最终解决温室效应问题将具有重要贡献。

秸秆沼气作为一种清洁、便捷、价格低廉的新型能源，已经进入千万家农户，不但可以减少有害气体的排放，还减少了环境污染。秸秆制沼气不但为农户带来了较大的经济效益，而且为保护生态环境，减轻环境污染做出了较大贡献。我国经济正处在高速发展的阶段，对资源需求量逐步增大，而我国人均资源量却远远低于世界平均水平，因此秸秆沼气在一定程度上将解决煤、石油等燃料的不足，为突破我国经济发展的资源瓶颈做出重大贡献。

▲菌体蛋白

人们日常生活中吃的木糖醇也可以从玉米秸秆中提取。木糖醇是糖醇的一种，是木糖代谢的产物。木糖广泛存在于各种植物中，可从白桦、覆盆子、玉米等植物中提取。木糖醇的甜度与蔗糖相当，但热量只有蔗糖的60%。我国木糖醇生产技术是从前苏联学习开发的，生产技术初具雏形。目前，我国木糖醇生产有两条基本工艺，中和脱酸工艺和离子交换脱酸工艺。20世纪60年代，我国木糖醇在保定开始试生产时，就是采用这个方法。中和脱酸工艺比较简单，酸碱消耗低，可降低成本，设备也比较简单，易操作，投资少。但由于它是初始工艺，工艺本身的缺点导致设备使用寿命和利用率降低。为了解决这个问题，科技人员通过不懈的努力，研究开发了离子交换脱酸新工艺。离子交换脱酸工艺就是采用离子交换树脂，利用离子交换的方法将硫酸根除去。中和脱酸工艺和离子交换工艺，都有各自的优点和不足，采取哪种工艺都必须扬长避短，最大限度发展优势，提高经济效益。除此之外，木糖醇还具有改善肝功能、防龋齿、减肥、稳定胰岛素等功能。

今日的秸秆正在积极发挥它的作用，已经从传统的"草"变为如今的"宝"。如何更加有效利用秸秆资源，实现农业可持续发展还有很多值得研究的地方。

战略引领通辽

　　一段与玉米的百年情缘，成就了全国 100 亿斤粮食地级市的荣耀，更点燃了通辽人发展繁荣的梦想。穷玉米之潜能，打造世界最大的小氨基酸生产基地，这一战略构想如何在通辽大地从容铺展？转变与跨越，又是怎样赋予了玉米这一古老的作物以崭新的时代内涵？

㉕ 转变与跨越

玉米在通辽已经有 200 多年的种植历史，随着科技发展和社会进步，玉米已经渗透到我们现代生活的方方面面，发挥着越来越大的作用。2011 年，通辽市委、政府紧紧抓住玉米这个重要资源，谋篇布局，一个新的战略构想在通辽大地从容铺展——实施"8511521113"十项惠民工程和打造世界最大的小氨基酸生产基地。

"8511521113"不是简单的数字堆砌，也不是把一个非常复杂的农牧业系统工程简单化、抽象化，里面涉及了种养加等农村牧区主导产业，涉及城乡统筹、新农村新牧区建设、生态保护、集约化发展等，内涵非常丰富，具有关联性、互动性。在"十二五"期间或更长一段时间，规划建设 800 万亩旱涝保收、高产节水农田，500 万亩饲草料基地，100 万亩设施农业，100 万亩特色种植业基地，500 万亩退耕还林还草工程，2000 万头只牲畜养殖业基地，100 亿斤粮食加工转化工程，1000 个嘎查村的新农村、新牧区建设工程，每年转移农村牧区人口 10 万人，压减 3 万眼机电井，不断开创农牧业和农村牧区工作新局面，让城乡居民生活得更加美好。

▼玉米海

把800万亩旱涝保收、高产节水农田建设项目列为十大工程首位，就是牢牢抓住了和通辽市经济发展密切相关的玉米这个重要资源。通辽是全国产粮大市，产业化程度也比较高，玉米转化率达到50%。但是这里却有几个问题不容忽视：农牧业可持续发展问题、农牧业效益问题、农牧业发展方式转变问题。通辽100亿斤粮食产量的获得，依靠的是146.67万公顷耕地、10万眼机电井。每年开采地下水28亿立方米，每年超采3亿多立方米，科尔沁区地下水水位大幅急速下降，形成地下水降落漏斗，长此以往必将影响可持续发展。尽管通辽已经成为100亿斤粮食地级市之一，但现在还面临着增产增效的难题。按照科学发展，以人为本的要求，我们要认真思考如何走好效益农牧业的路子。在农牧业新技术、新成果越来越多的情况下，我们需要以科学发展观、转变发展方式和可持续发展的要求，对照反思通辽的农牧业路子怎么走？这些问题可以归结为：在不增加耕地面积的情况下如何增加粮食产量？如何实现100亿斤玉米增值增效？

破解这两个命题的答案是：在农牧业领域，依据各旗县区生态和生产条件特点，遵循"科技高产、生态节水、循环发展"方针，通过实施"8511521113"工程，实现五个转变——资源支撑向依靠科技贡献转变，数量型向质量效益型转变，种粮为主向种养结合、加快服务业发展转变，城乡二元结构向加快县城建设、城镇化进程转变，分散经营向集中规模经营转变。

▼科尔沁区玉米工业园区

在工业领域，通过发展玉米生物产业，以科尔沁区玉米深加工工业园和开鲁县玉米深加工工业园为依托，延长产业链条，重点发展氨基酸类、淀粉糖类、聚乳酸类、变性淀粉类、酒精下游类、抗生素及维生素类六大系列玉米深加工，培育优势产业集群，打造国家重要的玉米生物产业基地和世界最大的小氨基酸生产基地，从而实现两个跨越——从大玉米经济向新兴产业的跨越，从大农区向工业化的跨越。

实施"8511521113"十项惠民工程和打造世界最大的小氨基酸生产基地这一战略目标的提出与实施，顺应历史发展，承载着通辽人发展繁荣的梦想，赋予了玉米这一古老的作物以崭新的时代内涵。

▲发财鼠

▲铜玉米酒壶

▲茶壶

▲瓷玉米酒壶

参考文献

付娜 .2012. 正说世界——玛雅 [M]. 长春：吉林出版集团时代文艺出版社 .

斯塔夫里阿诺斯 .2006. 全球通史 [M]. 北京：北京大学出版社 .

佟屏亚 .1994. 为杂交玉米做出贡献的人 [M]. 北京：中国农业科技出版社 .

佟屏亚 .1999. 中国玉米科技史 [M]. 北京：中国农业科技出版社 .

中共通辽市委员会办公厅 . 2012. 杜梓同志在全市农村牧区工作会议上的讲话 // 通辽市 2012 年农村牧区工作文件汇编 [C]. 通辽 .

周洪生 .2000. 玉米种子大全 [M]. 北京：中国农业出版社 .

致　谢

　　在博物馆的筹备、建设及本书的编写过程中，我们得到了社会各界人士的帮助，没有他们的无私帮助也不会有今天的通辽玉米博物馆，我们由衷地感谢给予我们支持和帮助的个人、单位及相关企业。

　　感谢中国工程院院士戴景瑞，他在百忙中帮我们审定了布展大纲，为我们提出了宝贵意见；北京市农林科学院玉米中心主任赵久然，为我们提出了宝贵意见；黑龙江省农业系统宣传中心主任贾立群，他是博物馆布展设计者，并承担了本书编写过程中的图片处理工作；通辽市扎鲁特旗尚古博物馆馆长杨晓林帮助我们搜集展品，并提供技术指导；哈尔滨市清水建筑装饰工程设计有限公司的马嘉斌、王彦明等负责施工和后期维护；原通辽市委副书记王明义为我们提供有关玉米传入通辽的历史资料复印件；通辽市科尔沁区钱家店镇二村张书铭老人、通辽市农科院退休干部康文老人、通辽市农科院退休职工张继明老人都已经 80 多岁了，在我们走访过程中为我们介绍 70～80 年前通辽地区玉米种植情况；内蒙古摄影家协会副主席、通辽市文联副主席王金为我们搜集并提供了大量珍贵的玉米科研老照片；通辽市科尔沁区丰田镇孟健老人是科尔沁草原玉米秸秆画第一人，他为我们提供玉米秸秆画；中国农业科学院作物研究所研究员佟屏亚为我们提供相关指导；国家玉米产业技术体系首席科学家张世煌为我们提供墨西哥玉米的相关图片；通辽市内蒙古民族大学农学院教师张宁帮助我们制作玉米病虫害标本；通辽西国家粮食储备库主任吕雅洁女士为我们提供通辽黄玉米相关资料；通辽市经信委副主任单国福先生为我们提供玉米加工方面技术指导；通辽市广联农机有限责任公司董事长王凤荣女士为我们提供农业机械模型、照片及信息资料。

还有许多单位为我们提供了大量有益的帮助，它们是：通辽市统计局、通辽市水务局、通辽市档案局、通辽市科尔沁区档案局、扎鲁特旗档案局、通辽市粮食局、通辽市商检局、通辽市政府办公厅、通辽市职业技术学院、通辽市电视台、通辽日报社、通辽市土壤肥料工作站、通辽市农业技术推广站、通辽市种子管理站、通辽市植物保护工作站。

许多种业公司和玉米加工企业也为我们提供了大力支持，它们是：通辽市高新种业有限公司、通辽市宏博种业有限公司、通辽市厚德种业有限公司、通辽市金山种业有限公司、通辽梅花生物科技有限公司、通辽万顺达淀粉有限公司、内蒙古利牛生物化工有限责任公司、内蒙古玉王生物科技有限责任公司、通辽德瑞玉米工业有限公司、内蒙古三星玉米产业科技有限公司、国能通辽生物发电有限公司、通辽市利民秸秆转化技术研发有限公司、通辽市润旺生物质加工有限责任公司。

编者

2017 年 4 月

走进通辽玉米博物馆
THE TONGLIAO CORN MUSEUM